Spielend gewinnen

Nils Hesse

Spielend gewinnen

Gewinnstrategien für die 50 bekanntesten Karten-, Würfel-, Brett- und Gewinnspiele

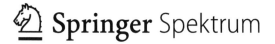 Springer Spektrum

Nils Hesse
Berlin
Deutschland

ISBN 978-3-658-04440-4   ISBN 978-3-658-04441-1 (eBook)
DOI 10.1007/978-3-658-04441-1

Die Deutsche Nationalbibliothek verzeichnet diese Publikation in der Deutschen Nationalbibliografie; detaillierte bibliografische Daten sind im Internet über http:// dnb.d-nb.de abrufbar.

Springer Spektrum
© Springer Fachmedien Wiesbaden 2015

Lektorat: Stefanie Brich
Coverfoto: fotolia.de

Springer Spektrum ist eine Marke von Springer DE. Springer DE ist Teil der Fachverlagsgruppe Springer Science+Business Media
www.springer-spektrum.de

Vorwort

„Du hast aber ein Glück" – das bekommen Gewinner von Gesellschaftsspielen oft zu hören. Dabei überschätzen die Allermeisten den Anteil des Glücks bei Spielen. Selbst bei Mensch ärgere Dich nicht, Kniffel oder Monopoly – bei denen das Würfelglück natürlich zentral dazu gehört – treffen die Spieler ständig Entscheidungen: Mit welcher Figur soll ich ziehen? Welche Würfel kommen zurück in den Würfelbecher? Und wie viele Häuser soll ich auf meine Straße bauen? Über das ganze Spiel gesehen sind zum Teil hunderte solche Entscheidungen zwischen noch weit mehr Alternativen zu treffen. Manche Entscheidungen führen dabei häufiger zum Sieg als andere. Bei manchen Spielen lässt sich das sogar sehr genau mathematisch berechnen. Wo diese Ergebnisse übersichtlich vorliegen, werden sie in diesem Buch präsentiert. Bei anderen Spielen ist die Komplexität zu groß, um mathematisch exakt die Erfolgswahrscheinlichkeit einer Entscheidung zu berechnen. Zu viel hängt von der Spielsituation, der Stärke der Gegner und der eigenen Strategie ab. Doch für diese Spiele gibt es Faustregeln, die Sie in diesem Buch finden.

Wenn Sie sich an diesen Faustregeln orientieren, ist das noch lange keine Garantie auf den Spielgewinn. Doch Sie werden die vielen Entscheidungen während eines Spiels bewusster und überlegter treffen (auch wenn Sie mal bewusst und wohlüberlegt von einer Faustregel abweichen). Sie werden Entscheidungen vorziehen, die die Gewinnwahrscheinlichkeit ein klein wenig verbessern. In der Summe dieser vielen Entscheidungen werden Sie den Unterschied merken. Sie werden häufiger Gewinnen und noch mehr Spaß dabei haben. Selbst das Verlieren wird Ihnen mehr Freude bereiten, wenn Sie erkennen, warum Sie verloren haben bzw. Ihr Gegner eine bessere Strategie hatte. So können Sie Ihr Spiel ständig weiter verbessern.

> Probieren Sie die Faustregeln aus: Beim Spiel in Ihrer Familie, mit Freunden oder gegen Spieler aus der ganzen Welt in den Online-Plattformen, die es zu den meisten hier diskutierten Spielen gibt. Und diskutieren Sie die Faustregeln. Wenn Sie bessere Strategien kennen oder Fehler entdecken, würde ich mich über eine Rückmeldung (an spielendgewinnen1@gmail.com) freuen. Zwar habe ich die meisten in diesem Buch beschriebenen Regeln einem Praxistest unterzogen und bei manchen Spielen den Rat von Experten hinzugezogen (ein großes Dankeschön an Volker Sonnabend (Backgammon), Marc Oliver Rieger, Martin Bussas, Gunnar Dickfeld, Bernd Radmacher (alle vier zu Go), Daniel Lehner (Mühle), Patrick Hesse (Rummikub), Steffen Tiemann (Risiko und Siedler v. Catan), Kareen Schroeder (Deutscher Bridge Verband), Mieke Plath (Bridgeteam Gelegenheiten in Berlin), Jörg Bewersdorff (Mathematik) sowie Kathrin und Peter Nos (Domion). Zudem hat meine Frau Nora als Korrekturleserin dabei und Stefanie Brich als Lektorin geholfen, das Buch überhaupt zu veröffentlichen und die Zahl meiner Fehler zu reduzieren. Doch dieses Buch ist nicht der Weisheit letzter Schluss. Ihr Wissen und Ihre Erfahrungen sind also gefragt, um die Faustregeln weiter zu verbessern.

Egal ob Sie gewinnen oder verlieren: Mit diesem Buch können Sie in jedem Fall viel Unbekanntes und Überraschendes in der bunten, vielfältigen Welt der Spiele entdecken. Sie können einfach mal durchblättern. Bestimmt erinnern Sie sich an spaßige Spiele, die Sie lange nicht mehr gespielt haben. Sie können aber auch ganz gezielt bei einigen Spielen nachschlagen: Um sich vor dem Spiel kurz einzustimmen oder nach dem Spiel das Ganze nochmal zu analysieren. Allzu sehr in die Tiefe gehen die Faustregeln natürlich nicht. Sie sind bewusst kurz und möglichst verständlich gehalten. Sie richten sich an Einsteiger mit bereits guten Regelkenntnissen aber noch wenig Spielerfahrung. Deshalb finden Sie in diesem Buch keine Wiederholungen der Regeln, dafür aber zu den meisten Spielen einige interessante Hintergründe zur Geschichte, den Erweiterungen und Varianten sowie den Spiel-Auszeichnungen. Wenn Sie ein Spiel dann tiefer durchdringen wollen, können Sie auf die Spezialratgeber zurückgreifen, die es zu vielen der vorgestellten Spiele gibt und die Sie zum Teil im Literaturverzeichnis finden.

In jedem Fall wünsche ich Ihnen/Euch viel Spaß: beim Entdecken, beim Spielen, beim Gewinnen!

Nils Hesse

Einleitung: Spielkategorien und generelle Strategien und Tipps

Spiele leben von der Ungewissheit. Da nicht klar ist, welche Zahl Sie als nächstes werfen, welche Karten Ihre Mitspieler haben und welcher Zug nun der Vorteilhafteste wäre, ist auch nicht klar, wer das Spiel am Ende gewinnt. Jörg Bewersdorff hat in seinem für alle Zahleninteressierten sehr empfehlenswerten Buch „Glück, Logik und Bluff" die entscheidenden Mechanismen mathematisch beschrieben, die für Unsicherheit und damit für Spannung und Spaß sorgen. Anhand der drei Mechanismen lassen sich viele der hier in diesem Buch vorgestellten Spiele in einem Glück, Logik und Bluff Dreieck einordnen (Abb. 1).

An der Spitze des Dreiecks finden Sie die klassischen Brettspiele wie Schach, Go oder Mühle. Auch Reversi, Vier Gewinnt, Dame oder Halma gehören zu den kombinatorischen Spielen, bei denen zum einen alle Spieler die gleichen Informationen haben, und zum anderen Würfel- oder Kartenglück keine Rolle spielt (*eine kleine Glückskomponente ist ggf. nur bei der Auswahl des Startspielers bzw. des Anziehenden enthalten. Dieser Mechanismus lässt sich aber ausgleichen, etwa indem Sie mehrere Runden mit abwechselndem Startmodus spielen*). Die Unsicherheit entsteht nur auf Grund der vielen verschiedenen Zugmöglichkeiten. Je nach Komplexitätsgrad können diese Spiele gelöst werden. Mit Computerunterstützung kann also eine optimale Spielweise identifiziert werden, nach der entweder der Anziehende oder der Nachziehende das Spiel gewinnen oder aber ein Remis erreichen kann.

Logik: Kombinatorische Spiele
Reversi, Schach, Go   Vier Gewinnt, Mühle
Master Mind
        Backgammon
Stratego   Carcassonne
        Skat   Tore der Welt, Keltis
            Monopoly, Kniffel
    Risiko Doppelkopf   Hotel
Schere-Stein-   Mensch ärgere Dich nicht
Papier   Poker   Mau-Mau   Roulette
Bluff: strategische Spiele   **Glück: Glücksspiele**

Abb. 1 Glück, Logik und Bluff Dreieck. (Quelle: Nach Bewersdorff (2012, S. VII). Bewersdorff (2012, S. VII) zufolge gibt es neben Glück, Logik und Bluff weitere, seltener auftretende Quellen der Ungewissheit, wie körperliche Geschicklichkeit und Leistungsfähigkeit (z. B. bei Mikado), Merkfähigkeit (z. B. bei Memory) oder unklare Regeln (z. B. bei Scrabble). Gerade Geschick und Merken lässt sich nicht durch griffige Faustregeln erlernen – dazu gehört Übung und Talent. Deshalb sind Spiele, wie Memory oder Mikado nicht in diesem Buch aufgenommen, auch wenn sie zweifellos beliebt und weit verbreitet sind)

> Mühle, Vier Gewinnt und Dame gelten als „schwach gelöst" in dem Sinne, dass für die Anfangsposition eine optimale Spielweise bekannt ist, „die mit realistisch verfügbaren Computerressourcen berechnet oder aus einer Datenbank generiert werden kann." (Bewersdorff 2012, S. 112)

Bei einer Reihe von Würfel- und Brettspielen ändert sich zwar nichts am Informationsregime: Auch bei ihnen hat jeder einzelne Spieler genauso viele Informationen wie alle anderen Spieler zusammen. Doch bei Backgammon, Carcassonne, Offiziersskat, Mensch ärgere Dich nicht oder Kniffel kommt stärker das Glückselement insbesondere durchs Würfeln zum Tragen. Auch Gesellschaftsspiele wie Monopoly, Hotel, Tore der Welt oder Siedler gehören in diese Logik-Glück Kategorie. Allerdings besteht bei diesen Spielen noch eine gewisse Unsicherheit hinsichtlich des Geldes bzw. der Karten der Mitspieler, über die Sie nur theoretisch immer den Überblick behalten können. Zu reinen Glücksspielen gehört Roulette oder Lotto. Hier sind alle Informationen bekannt. Und es gibt keine Möglichkeiten, die Gewinnchancen beim einmaligen Spiel durch besonders kluges Setzen oder Ankreuzen zu erhöhen oder zu verringern (bei Lotto kann allerdings wie in Kapitel 49 beschrieben zumindest die Gewinnhöhe beeinflusst werden).

Auf der Logik-Bluff Achse sind Spiele wie Mastermind und Stratego einzuordnen.

Hier ist die Aufstellung des Gegners die große Unbekannte. Auch Spiele wie Poker, Wizard, Mäxchen oder Schiffe versenken sind stark durch unbekannte Karten, Aufstellungen oder Entscheidungen des Gegners geprägt.

Bei den meisten **Kartenspielen** kommen alle drei Unsicherheitskategorien zum Tragen: Das Glück bestimmt die Kartenverteilung. Da dabei viele verschiedene Verteilungen entstehen können, erhöhen sich auch die kombinatorischen Anforderungen. Und da die Verteilung weitgehend (beim Skat) oder zumindest zum Teil (beim Bridge) unbekannt ist, spielt auch die strategische Komponente eine Rolle.

Generelle Strategien und Tipps

Aus den Quellen der Unsicherheit lassen sich bereits die wesentlichen Tipps und Strategien ableiten, die an vielen Stellen in diesem Buch wieder auftauchen.

Bei reinen **Glücksspielen** sind weniger besonders kluge Strategien oder Spielzüge gefragt. Bei ihnen kommt es zunächst darauf an, welches Glücksspiel Sie überhaupt, wie häufig und mit welchem Einsatz spielen. Denn die jeweiligen Spiele haben unterschiedliche Gewinn- und Auszahlungsquoten. Anhand dieser können Sie erkennen, wo die Wahrscheinlichkeit für Sie am höchsten ist, etwas zu gewinnen bzw. wo Sie auf lange Sicht am wenigsten verlieren. Im letzten Kapitel finden Sie etwa eine Übersicht über die Auszahlungsquoten der wichtigsten Glücks- bzw. Gewinnspiele.

Kombinatorische Spiele erfordern hingegen mehr Logik und Spielverständnis. Wer vernetzt denkt, ist klar im Vorteil. Vorausschauendes und strategisches Spiel ist oft der Schlüssel zum Spielgewinn. So ist es bei vielen Spielen von entscheidender Bedeutung, bestimmte Gebiete des Spielfelds (etwa das Zentrum beim Schach oder die Ecken bei Reversi) zu kontrollieren. Doch nicht alles ist planbar. Auf Spieländerungen müssen Sie reagieren können. Und oft ist es besser, gekonnt auf Sicht zu fahren und bei Spielen wie Carcassonne oder Tore der Welt konzentriert in jedem Zug das Maximum herauszuholen – bei Carcassonne mindestens vier Punkte pro Karte, bei Tore der Welt zwei Punkte pro Zug. Solche Faustregeln helfen, die Unsicherheiten durch die vielfältigen Zugmöglichkeiten zu reduzieren und zu einer erfolgsversprechenden Strategie zu kommen. Denn von dem Ziel, bei komplexen Spielen immer zu 100 % optimale Entscheidungen treffen zu können, sollten Sie sich verabschieden. Machbar ist aber, entscheidende Mechanismen in einem Spiel zu erkennen. Trennen Sie wichtige Entscheidungen von unwichtigen und konzentrieren Sie sich auf die Wichtigen. Auch hierbei helfen Ihnen die Faustregeln in diesem Buch.

Bei vielen Kartenspielen wie Doppelkopf oder Skat kommt es neben den kombinatorischen Fähigkeiten zusätzlich darauf an, die **Unsicherheit durch fehlende Informationen** zu reduzieren. Dabei hilft eigentlich bei allen Kartenspielen, die gefallenen Karten mitzuzählen. Konzentrieren Sie sich zu Beginn auf die entscheidenden Karten (etwa die gefallenen Trumpf), und merken sich dann immer mehr. Bei Doppelkopf, Skat und im noch stärkeren Maße beim Bridge gibt es zudem klare Hinweise, die Sie Ihrem Mitspieler etwa beim Reizen oder mit dem Anspiel geben können, um die Unsicherheiten hinsichtlich der Kartenverteilung weiter zu verringern (*dazu wurden spezielle Konventionen entwickelt, die Sie mit Hilfe von im Text und im Anhang erwähnter Literatur erlernen können*).

Hilfreiche Hinweise für alle Spielkategorien liefert die **Verhaltensökonomie** (*vgl. für einen Überblick Kahneman 2011*). Denn wir alle handeln nicht immer rational. Manchmal sind wir stur und dickköpfig oder setzen falsche Prioritäten. Das kann bei vielen Spielen schnell unsere Gewinnchancen schmälern. Weitere typische sogenannte kognitive Verzerrungen sind die Verlustaversion und der Endowment-Effekt: Wir fürchten Verlust mehr, als wir Gewinn begrüßen und wir schätzen den Wert eines Gutes höher ein, wenn wir es besitzen. Das kann dazu führen, dass wir nicht bereit sind eine Straße bei Monopoly oder einen Rohstoff bei Siedler von Catan herzugeben, auch wenn wir dafür eine für uns bessere Straße bzw. Rohstoff bekommen könnten. Hinzu kommt, dass wir oft alle Konzentration darauf richten, den Status quo zu erhalten, und dabei mögliche andere Optionen oder Veränderungen außer Acht lassen. Bei Carcassonne verteidigen wir womöglich verbissen eine Stadt und verpassen dabei große Chancen an anderer Stelle. Oder wir bauen verzweifelt an einer aussichtslosen Stadt weiter, weil wir die großen Anfangsinvestitionen nicht aufgeben sollten. Dabei vergessen wir, dass vergossene Milch nun mal vergossen ist. Ein weiteres Problem ist die Selbstüberschätzung. Allzu leicht überinterpretieren wir unser Expertenwissen. Dieses Problem kann etwa bei Fußballwetten bares Geld kosten.

Diese Verzerrungen lassen sich genau wie **Emotionen** nicht einfach ausschalten. Aber sie können von Spielern berücksichtigt und sogar ausgenutzt werden. Denn wenn wir nicht gerade gegen einen Computer spielen, sitzen Menschen aus Fleisch und Blut mit ähnlichen Verhaltensweisen und Emotionen am Spieltisch.

In Zweispielerspielen kann es für Sie von Vorteil sein, wenn sich Ihr Gegner stärker als Sie von Emotionen leiten lässt und unreflektierter in die Fallen der kognitiven Verzerrungen tappt. Noch schwieriger und unkalkulierbarer wird es aber, wenn in Mehrspielerspielen Empathie und Antipathie eine Rolle spielen. Bei vielen Gesellschaftsspielen geht es um Interaktion, um Bündnisse, um Kooperation. Doch oft gibt es auch Möglichkeiten, jemanden zu blockieren, auszuschließen oder zu beschädigen. Zudem gibt es bei vielen Mehrspielerspielen Königsmacher, die zwar selber nicht mehr gewinnen können, durch ihre Entscheidungen aber den Spielverlauf noch entscheidend beeinflussen können. Gelingt es Ihnen, Mitspieler bei Siedler vom gegenseitigen Vorteil eines Tausches oder bei Risiko einer Allianz zu überzeugen, haben Sie die Nase meist vor Spielern, die sich Kooperationen eher verschließen. Wenn Sie sich hingegen auf zermürbende Privatfehden einlassen, sich von Rachegelüsten leiten lassen und sich den Unmut Ihrer Mitspieler auf sich ziehen, kann das Ihre Gewinnchancen schmälern (und nicht nur die…). Versuchen Sie also einen kühlen Kopf zu behalten. Wenn dies Ihnen und Ihren Mitspielern nicht immer gelingt, denken Sie daran: Es ist nur ein Spiel.

Inhalt

Teil III
Gesellschaftsspiele 77

Teil IV

Kartenspiele

Teil V
Würfel-, Tipp-, Wett- und Gewinnspiele 199

Teil I

Klassische Brettspiele

1

Go

Go ist eines der ältesten, wenn nicht sogar das älteste Brettspiel der Welt. Es soll etwa 2200 vor Christus in China entstanden sein. Ein japanischer Gesandter brachte das Spiel dann 754 nach Christus nach Japan. Dort kam das Spiel sehr gut an. Im 17. Jahrhundert wurde eine staatliche Go-Akademie gegründet, auf der die besten Spieler des Landes um hohe Grade rangen. Erst Anfang des 20. Jahrhunderts kam das Spiel nach Europa. Go gilt als eines der komplexesten Brettspiele der Welt (eine etwas einfachere Variante ist das so genannte Ketten-Go).

1.1 In den Ecken beginnen

Beginnen Sie am besten mit einem Zug in der Nähe einer Ecke, auf der dritten oder vierten Reihe. In den Ecken benötigen Sie weniger Steine, um ein Gebiet zu umschließen. Nach den Ecken können Sie die Seiten besetzen und sich dann in Richtung Zentrum ausweiten.

1.2 Das richtige Maß finden

Zu Beginn des Spiels stecken beide Spieler üblicherweise Einfluss-bereiche ab, die später in festes Gebiet umgewandelt werden sollen. Dabei gilt es das richtige Maß zu finden, damit Sie ein möglichst großes Gebiet abstecken, aber Ihr Gegner keine Möglichkeit findet, in Ihrem Gebiet seinerseits ein kleines Gebiet abzustecken: Wenn Sie Ihre Steine zu eng setzen, wird Ihr Gebiet zu klein, setzen Sie sie zu weit auseinander, kann der Gegner eindringen.

1.3 Zwei Augen!

Damit eine Steingruppe nicht mehr geschlagen werden kann (und damit „lebt"), braucht sie zwei als Augen bezeichnete freie Schnittpunkte (wichtig: alle an die Augen grenzenden Steine müssen entweder miteinander oder mit einem anderen Auge verbunden sein). Versuchen Sie deshalb solche zweiäugigen Gruppen zu bilden bzw. sichern Sie sich zumindest die Option, jederzeit bei einem gegnerischen Angriff zwei Augen bilden zu können (Abb. 1.1).

Passen Sie gut auf, ob es sich wirklich um ein echtes Auge handelt. „Unechte Augen" sind auch von Steinen einer Farbe umschlossen, aber nicht von einer durchgehenden Gruppe.

1.4 Tote lassen sich nicht mehr zum Leben erwecken, Lebende brauchen keinen Schutz mehr

Eine Gruppe, die unter keinen Umständen mehr geschlagen werden kann, lebt (entweder wegen der zwei Augen, oder aufgrund einer lokalen Pattsituation, dem so genannten Seki). Und eine Gruppe, die auf jeden Fall geschlagen wird, ist tot.

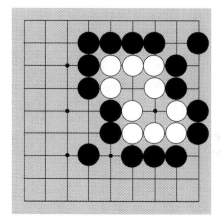

Abb. 1.1 Beispiel einer Gruppe mit zwei Augen bei Go

Diese Leben-und-Tod-Situationen sollten Sie erkennen können, um keine Steine zu verschwenden. Denn einer ohnehin toten Gruppe brauchen Sie keine Steine mehr hinzufügen; lebende Gruppen nicht mehr zusätzlich sichern.

1.5 Eigene Punkte und Schaden beim Gegner

Wenn Sie zwischen mehreren Positionen schwanken, bedenken Sie, wie viele Punkte Sie mit einem Stein für sich machen können, und welchen Schaden Sie bei Ihrem Gegner anrichten. Behalten Sie dabei das ganze Brett im Blick. Und entscheiden Sie sich für den Stein, der in der Summe am meisten bringt. Meist sind dies Züge, die mehr als eine Funktion ausüben, zum Beispiel die den Gegner bedrängen und gleichzeitig Gebiet absichern. Solche Züge sind Zügen mit nur einer Funktion überlegen.

1.6 Die Einfluss-Strategie

Statt auf sichere Gebiete zu setzen, können Sie auch versuchen, starke Positionen aufzubauen und Einfluss auf eine möglichst große Fläche des Spielfelds zu erlangen. Im Gegensatz zur Gebietsstrategie sollten Sie dazu mit einer Art Wand ins Zentrum drängen. Im Mittelspiel können Sie dann schwache Gruppen des Gegners, die noch nicht leben, gegen eine solche Wand treiben, um sie entweder zu töten oder dabei – ganz nebenbei – eigene Gebiete abzustecken.

1.7 Spalten Sie die Reihen Ihres Gegners

Versuchen Sie, gegnerische Steine voneinander zu trennen. Das erschwert es Ihrem Gegner, lebende Stellungen zu etablieren. Umgekehrt müssen Sie aufpassen, dass Ihre Steine verbunden bleiben.

1.8 Auf der Flucht Opfer akzeptieren

Wenn eine Gruppe von Ihnen blind ist (also keine Augen hat) und eine Gefangennahme droht, können Sie versuchen zu entfliehen und die Gruppe mit einer anderen Gruppe zu verbinden. Dabei kann es unter Umständen nötig werden, einige Steine verloren zu geben. Bei kleinen Gruppen ist es oft auch sinnvoll, diese gleich aufzugeben und anderswo Punkte zu machen.

1.9 Gute und schlechte Muster

Bestimmte Steinmuster haben sich als „gut" bzw. erfolgreich erwiesen, da sie zum Beispiel keine überflüssigen Steine enthalten, gut weiterzuentwickeln oder schwer zu schlagen sind, während andere Muster sich als entsprechend schlecht erwiesen haben. Einen Überblick über solche Muster finden Sie im Internet oder Go-Fachbüchern (*etwa auf der Internetseite des Go-Clubs Winterthur oder im Buch „Go für Einsteiger. Spielen Denken Lernen" von Gunnar Dickfeld 2006*). Prägen Sie sich diese Muster ein.

1.10 In der Vorhand bleiben

Im Endspiel geht es dann nur noch darum, die Gebiete des Gegners möglichst zu verkleinern und die eigenen Gebiete zu vergrößern. Dabei sollten Sie wenn möglich das Heft des Handelns in der Hand behalten, also in der „Vorhand" bleiben. Dies gelingt Ihnen durch Züge, auf die Ihr Gegner reagieren muss. Wenn Sie besser spielen können, versuchen dieses Prinzip auch im Mittelspiel anzuwenden!

Übrigens I

Go bereitet Computern weit größere Probleme als Dame, Mühle oder Schach. Auch gute Go-Programme schlagen allenfalls Anfänger.

Übrigens II

Spiele wie Go und Schach spiegeln ein Wettbewerbsverhalten von Asiaten und Europäern wieder, welches sich noch heute im Wirtschaftsleben beobachten lässt. So treten japanische Unternehmen typischerweise langsam und schrittweise in einen neuen Markt ein. Europäische Firmen gehen hingegen häufig schneller und beherzter vor, etwa indem sie ganze Unternehmen übernehmen (vgl. Hoffjahn 2002).

2

Schach

Das Wort Schach kommt vom persischen Wort für König, Schah. Dieses königliche Spiel ist zumindest von der Zahl der Vereinsspieler und der veröffentlichten Literatur vor Dame, Mühle oder Halma das populärste Brettspiel in Europa. Schach wurde wohl im 6. Jahrhundert nach Christus in Indien erfunden. Bereits im 11. Jahrhundert war es auch in Europa in allen Bevölkerungsschichten beliebt (vgl. Gorys 1996, S. 163). Um die Erfindung des Schachspiels rankt sich die „Weizenkornlegende". Danach soll der weise Sessa Ebn Daher das Schachspiel für seinen kranken Herrscher erfunden haben. Der Herrscher versprach aus Dankbarkeit, ihm einen Wunsch zu erfüllen. Sessa Ebn Daher bat den Herrscher, die 64 Felder des Spielbretts mit Weizenkörnern zu füllen, und zwar auf das erste Feld ein Korn zu legen, auf das zweite zwei Körner, auf das dritte vier Körner und so weiter. Der Herrscher wunderte sich über die bescheidene Bitte. Insgesamt wären dies jedoch mehr als 18 Trillionen.

2.1 Entwickeln Sie von Beginn an Ihre Figuren – aber halten Sie die Bauern zurück

Ziehen Sie zu Spielbeginn möglichst nur einmal mit jeder Figur. Denn auf der Grundposition ist der Aktionsbereich der meisten Figuren sehr begrenzt. Die Bauern sollten Sie nur wo nötig nach vorne rücken (zum Beispiel mit dem ersten Zug mit dem Königs-bauern auf e4). Je weiter sie vorrücken, desto angreifbarer werden sie. Und ein Rückfahrtticket gibt es für Bauern nicht.

2.2 Möglichst früh die Rochade durchführen

Ein zentrales Instrument, um Ihre Figuren zu entwickeln, ist die Rochade. Der König ist nach der Rochade besser geschützt und die Türme haben mehr Freiheit.

2.3 Artgerechte Haltung: Springer nicht an den Rand

Da der Springer nur wenige Zugmöglichkeiten am Rand des Spielfeldes hat, sollten Sie dort nicht hinspringen. Bevor Sie den Springer entwickeln, sollten Sie dem Läufer Freiräume verschaffen.

2.4 Die vornehme Dame

Ihre Dame erhöht zwar ungemein Ihre Offensivkraft. Sie ist aber auch sehr angreifbar. Eine zu früh nach vorne beorderte Dame müssen Sie daher meist erneut umziehen. Damit verlieren Sie Zeit, in der Sie Ihre anderen Figuren entwickeln könnten.

2.5 Wert der Figuren und die Frage: Springer oder Läufer?

Haben Sie die Wahl zwischen Springer und Läufer, hängt der jeweilige Wert von der Spielsituation ab. Zu Beginn des Spiels können Sie einen Springer noch flexibler einsetzen. Gerade ein Läuferpaar ist gegen Ende des Spiels aber wohl stärker einzuschätzen als zwei Springer. Der Wert der Figuren in „Bauerneinheiten" (BE) lässt sich etwa wie folgt bemessen: Springer: 3,25 BE, Läufer: 3,25 BE *(plus einem Bonus von 0,5 für das Läuferpaar)*, Turm: 5 BE, Dame: 9,75 BE *(vgl. Kaufmann 2012)*.

2.6 Ins Zentrum schlagen, König angreifen

Greifen Sie Ihren Gegner nach Möglichkeit im Zentrum an. Setzen Sie den gegnerischen König unter Druck. Und lassen Sie sich aus der Ferne von den Läufern und wenn möglich auch von einem Turm unterstützen, indem Sie für freie Geraden oder Diagonalen sorgen bzw. indem Sie die Läufer etwa auf g7 oder b7 postieren.

2.7 Isolierte Einzel-, Doppel- und Tripelbauern vermeiden

Einzelne oder hintereinander stehende Bauern können sich nicht mehr gegenseitig schützen. Zudem schränken diese Positionen Ihre Mobilität ein.

2.8 Analysieren Sie den letzten Zug Ihres Gegners genau!

Was für eine Strategie könnte Ihr Gegner haben? Welches könnten seine nächsten Züge sein? Sie sollten nicht nur selbst ständig nach Beute Ausschau halten und gegnerische Figuren ins Visier nehmen, sondern immer auch die Pläne Ihres Gegners erkennen und durchkreuzen sowie eigene Schwachstellen identifizieren und beheben.

2.9 Bauernendspiel: Neue Dame holen und eigenen König einsetzen

Kommt es zu einem Bauernendspiel (mit nur noch Königen und Bauern auf dem Spielbrett), gewinnt in aller Regel die Partei, die zuerst einen Bauern in eine Dame umwandeln kann. Damit dies gelingt, kommt es entscheidend auf die Position und das Vorgehen der Könige an (ist der gegnerische König etwa innerhalb eines gedachten Quadrats, dessen eine Kante von dem Bauern bis zur Grundlinie reicht, dann kann er den Bauern rechtzeitig einfangen, vgl. Rosen 2004).

2.10 Turmendspiel: Turm hinter den Bauern, König davor

Kommt es hingegen zu einem Turmendspiel, müssen Sie darauf achten, den Turm hinter den eigenen oder gegnerischen Bauern zu platzieren. Mit dem König sollten Sie wenn möglich das Umwandlungsfeld des eigenen oder gegnerischen Bauern kontrollieren.

2.11 Matt mit Dame oder Turm: Am Rand und mit Hilfe des Königs erzwingen

Wenn Sie im Endspiel mit einer Dame und einem König gegen einen König spielen, müssen Sie mit Bedacht vorgehen und dem gegnerischen König immer noch Ausweichpositionen lassen, um kein Patt zu riskieren. Für ein schnelles Matt müssen Sie den gegnerischen König an den Brettrand drängen und ihn dort in eine Nahoppositionsstellung zum eigenen König bringen (die Könige stehen sich mit einem Feld Abstand frontal gegenüber). Die gleiche Strategie funktioniert auch mit einem Turm statt einer Dame.

2.12 Matt mit zwei Läufern, mit zwei Springern oder mit einem Läufer und einem Springer: (Theoretisch) möglich ist alles…

Mit zwei Läufern müssen Sie den gegnerischen König in eine Ecke treiben, um ein Matt erzwingen zu können. Noch etwas schwieriger wird die Mattsetzung mit einem Springer und einem Läufer. Hier müssen Sie den König in eine richtige Ecke treiben, die der Läufer angreifen kann. Mit zwei Springern werden Sie nur dann ein Matt erreichen, wenn Ihr Gegner den Fehler macht und ohne Not in eine Ecke ausweicht *(um genau zu lesen bzw. nachzuspielen, wie ein König etwa mit einem Springer und einem Läufer von der falschen in die richtige Ecke getrieben werden kann (so genanntes W-Manöver), sollten Sie ein Schach-Lehrbuch zu Rate ziehen.).*

3

Dame

Dame hat sich in innerhalb Europas unterschiedlich entwickelt. Bei der deutschen Dame darf die Dame beliebig weit vorwärts oder rückwärts springen – dieses Spiel verflacht damit schnell, sobald ein Spieler in den Besitz einer Dame kommt (vgl. Hartogh 1999). Beim englischen Draughts und dem amerikanischen Checkers darf die Dame hingegen nur ein Feld ziehen. Gespielt wird auch hier auf dem 8 × 8 Spielbrett. Vor allem in Frankreich und Polen hat sich zudem eine Spielversion durchgesetzt, die auf einem 10 × 10 Spielbrett mit 20 Spielsteinen gespielt wird. Die nachfolgenden Faustregeln beziehen sich auf Draught/Checkers.

3.1 Im Zentrum beweglich bleiben

Versuchen Sie das Zentrum (Felder c4 bis f4 und c5 bis f5) zu beherrschen und aus dem Zentrum heraus Ihre Angriffe aufzubauen. Ein Stein im Zentrum in der 5. Reihe kann noch neun Felder erreichen, ein Randstein hingegen nur noch fünf Felder. Der Zentrumsstein ist damit deutlich beweglicher.

3.2 Letzte Grundreihe sichern

Sichern Sie Ihre Grundreihe konsequent, indem Sie Ihre Grundsteine nicht zu früh ziehen (mit Ausnahme des schwachen Ecksteins a1 bzw. h8, den Sie in die Mitte hin entwickeln können). Insbesondere die Vierergruppe c1, e1, d2, f2 bzw. analog d8, f8, c7, d7 verhindert den Durchbruch eines gegnerischen Steins und sollte möglichst lange bestehen bleiben.

3.3 Fallen (auf der Diagonalen) stellen

Fordern Sie Ihren Gegner heraus, locken Sie seine Steine von einem eigenen gesicherten Stein weg: am besten auf eine unvollständige diagonale Reihe. Im Idealfall müssen Sie nur ein Lockvogel opfern, um dann zum Doppel- oder Dreifachschlag ausholen zu können.

3.4 Folgen eines Abtausches bis zum Ende durchrechnen

Die Folgen einer Abtauschkette lassen sich durch die Schlagpflicht vorhersehen. Passen Sie also gut auf, dass Sie nicht Ihrerseits in eine Falle tappen.

3.5 Show-Down im Endspiel: Wer zuerst zieht, verliert

Am Ende heißt es oft Stein gegen Stein. Wenn sich zum Beispiel zwei Steine frontal mit einem Feld Abstand gegenüberstehen, verliert der Stein, der zuerst ziehen muss. Generell gilt bei zwei Steinen, dass der Stein einen Vorteil hat, der anzieht, wenn eine gerade Anzahl an Feldern zwischen den beiden Steinen liegt (bzw. der reagieren kann, wenn eine ungerade Zahl an Feldern zwischen beiden Steinen liegt).

3.6 Dame vs. Dame: Notfalls in die Doppelecke und Remis flüchten

Wenn sich am Ende nur noch zwei Damen gegenüber stehen, und Sie nach Tipp 5 im Nachteil sind, bleibt Ihnen als Ausweg nur die Flucht in eine Doppelecke (a2, b1 bzw. g8, h7). Hier können Sie der Zugzwang Gefahr entgehen und ein Remis erzwingen.

Übrigens

Wenn beide Spieler optimal spielen, läuft ein Dame bzw. Checkers-Spiel auf ein Remis hinaus (vgl. Dworschak 2007).

4

Mühle

Mühle ist ein sehr altes Spiel – und ein traditionell internationales. Ob im alten Ägypten, in China oder bei den alten Römern: Überall finden sich frühe Hinweise auf das Spiel. So scheinen Arbeiter beim Tempelbau in der Regierungszeit des Pharaos Sethos I. (1305–1291 v. Chr.) sich die Zeit in den Pausen mit dem Mühlespiel vertrieben zu haben (vgl. Hartogh 1999, S. 8).

4.1 Nicht alle Gabeln sind geeignet

Eine Gabel öffnet mit drei Steinen zwei Mühlen. Die einfachste Gabel erreichen Sie, indem Sie die gegenüberliegenden Eckpunkte auf dem gleichen Quadrat besetzen. Diese Gabel ist aber nicht ratsam (warum erfahren Sie unter Tipp 4.3, 4.5 und 4.6). Gabeln mit mindestens einer Kreuzung (oder der so genannte Rösselsprung) sind schwieriger aufzustellen bzw. oft nur mit vorgeschalteten Mühlendrohungen effektiv, aber langfristig im Sinne eines dynamischen Spiels eher zu empfehlen.

4.2 Zwickmühlen bauen und Mühlen offen halten

Der beste Weg, um das Spiel voll kontrollieren zu können und einen entscheidenden Steinevorsprung zu sichern, ist eine Zwickmühle (bei der mit fünf Steinen mit jedem Zug eine Mühle geschlossen werden kann). Der zweitbeste Weg ist eine Mühle, die Sie selbst wenn ein Stein geschlagen wird sofort wieder herstellen können. Nutzen Sie die Zeit, in der Sie eine offene Mühlendrohung haben, um Ihre Stellung zu verstärken. Und schließen Sie Ihre Mühle nur, wenn Sie vom Gegner nicht auf Dauer blockiert werden kann.

4.3 Nicht zu sehr auf Mühlen fixieren: Gegner festsetzen und beweglich bleiben

Versuchen Sie nicht krampfhaft, gleich zu Beginn die erste Mühle zu schließen. Versuchen Sie lieber die erste und ggf. auch die zweite Mühle Ihres Gegners zu blockieren, um Ihrerseits den freien Raum zu nutzen.

4.4 Eigene Mühlen ermöglichen statt gegnerische Mühlen zerstören

Wenn Sie eine Mühle schließen, ist es meist besser, einen gegnerischen Stein zu schlagen, ohne den eine neue eigene Mühle ermöglicht wird, als einen Stein zu schlagen, mit dem eine gegnerische Mühle zerstört wird.

4.5 Auf alle Quadrate verteilen

Um Angriffe Ihres Gegners zu verhindern und die eigene Beweglichkeit zu sichern, sollten Sie Ihre Steine auf alle drei Quadrate möglichst gleichmäßig verteilen.

4.6 Dynamik an den Kreuzungen, Stillstand in den Ecken

Postieren Sie Ihre Steine möglichst aktiv. Besonders viel Bewegungsspielraum versprechen die vier Kreuzungen auf dem mittleren Quadrat, da sie jedem Stein vier Zugmöglichkeiten bieten. Die benachbarten acht Kanten auf dem äußeren und dem inneren Quadrat bieten immerhin noch jeweils drei Zugmöglichkeiten. Die zwölf Eckpunkte hingegen nur jeweils zwei Schnittpunkte. Eine sogenannte Quermühle sichert somit mit zwei Kantenpunkten und einer Kreuzung die größte Beweglichkeit (je Stein zwei Zugmöglichkeiten, also insgesamt sechs). Außen- und Innenmühlen engen hingegen ein (je Stein nur eine Zugmöglichkeit, also insgesamt nur drei).

4.7 Deutlichen Materialvorsprung erspielen

Ihr Ziel sollte es sein, einen großen Vorsprung (mindestens drei bis vier Steine mehr) zu erzielen, bis es zum Endspiel kommt. Denn bei einem knappen Vorsprung (zum Beispiel fünf vs. drei Steine) ist es für Ihren Gegner relativ leicht möglich, ein Remis zu retten oder sogar zu gewinnen (Spiele mit Stand von 5–4 oder 6–4 gehen daher unter Könnern meist Remis aus, weil es besser ist, den vierten Stein des Gegners gar nicht erst zu schlagen). Versuchen Sie drei Mühlen zu öffnen, bevor Sie den vierten Stein schlagen. Das ist schon mit sechs Steinen möglich, aber erst mit sieben bis neun Steinen einfach.

4.8 Gegen bessere Gegner Remis erzwingen

Gegen einen sehr guten Spieler können Sie mit einfachen Mitteln auf ein (zugegeben langweiliges) Remis setzen. Dazu sollten Sie a) selbst keine Mühle machen (außer Sie sind Schwarz und machen die Mühle am Ende), b) beim Gegner keine Mühle zulassen und jeden Doppelangriff verteidigen sowie c) möglichst in jedem Ring drei Steine setzen.

4.9 3–3 Endspiel gewinnt der Gabelsteller

Kommt es zu einem 3–3 Endspiel, gewinnt in der Regel der, der zuerst ziehen darf, da er solange mit einer offenen Mühle drohen kann, bis er eine Gabel erreicht. In einigen wenigen Situationen kann es dem Nachziehenden gelingen, ein Remis zu halten. Dazu muss er nah am Gegner bauen, damit dieser aus der Enge keine Gabel entwickeln kann.

4.10 Weiß vs. Schwarz: Leichter Vorteil für den Nachziehenden

Jede Farbe hat ihren Vorteil: Weiß darf als erster ziehen, Schwarz den letzten Stein setzen. Insgesamt ist der Vorteil von Schwarz wohl etwas höher zu gewichten (*allerdings gewinnt in Computersimulationen im 3–3 Endspiel 80 % Weiß und 20 % schwarz. Vgl. Gasser und Nievergelt 1994*).

Übrigens

Wenn beide Spieler optimal spielen, läuft auch ein Mühle-Spiel auf ein Remis hinaus.

5

Backgammon

Erste Spielformen des Backgammon sind bereits mindestens 1600 vor Christus entstanden. Die ersten nahen Verwandten des modernen Backgammon entwickelten sich im alten Rom. Kaiser Claudius hat angeblich sogar ein Buch über dieses Spiel verfasst. Und Kleopatra und Markus Antonius haben möglicherweise beim Spiel einer Urform ihre Mußestunden verbracht (vgl. Kastner 2008, S. 17). Auf der ganzen Welt entstanden Spielvariationen mit unterschiedlichen Namen, die weiterhin mit den Kreisen der herrschenden Dynastien, des Adels und der Mächtigen in Verbindung gebracht werden: Mit dem spanischen König Alfons X, mit Martin Luther und Ludwig XVI zum Beispiel. Der Name Backgammon wird 1645 erstmals in England erwähnt (vgl. Glonnegger 1988, S. 26).

5.1 Klug Abstand halten!

Wenn Sie einen einzelnen Stein stehen lassen müssen, achten Sie auf die Abstände zu gegnerischen Steinen. Am ungünstigsten ist ein Abstand von sechs Punkten (hier kann Sie Ihr Gegner im nächsten Wurf mit einer Wahrscheinlichkeit von 47,2 % schlagen, wenn keine Punkte dazwischen von Ihnen geblockt sind). Ein Abstand von sieben Punkten ist hingegen relativ sicher, die Rauswurf-Wahrscheinlichkeit liegt selbst bei freier Fahrt (ohne

Tab. 5.1 Backgammon Rauswurf-Wahrscheinlichkeiten

Zahl	erreichbar durch	Wahrscheinlich %
1	1	30,6
2	2, 1 + 1	33,3
3	3, 1 + 1, 1 + 2	38,9
4	4, 1 + 1, 2 + 2, 1 + 3	41,7
5	5, 1 + 4, 2 + 3	41,7
6	6, 2 + 2, 1 + 5, 2 + 4, 3 + 3	47,2
7	1 + 6, 2 + 5, 3 + 4	16,7
8	2 + 6, 3 + 5, 2 + 2, 4 + 4	16,7
9	3 + 6, 4 + 5, 3 + 3	13,9
10	4 + 6, 5 + 5	8,3
11	5 + 6	5,6
12	3 + 3, 4 + 4, 6 + 6	8,3
15	5 + 5	2,8
16	4 + 4	2,8
18	6 + 6	2,8
20	5 + 5	2,8
24	6 + 6	2,8

blockierte Zwischenpunkte) bei nur 16,7 %. Die nachfolgende Tabelle (Tab. 5.1) zeigt alle Wahrscheinlichkeiten.

5.2 Entscheidende Punkte zu machen

Zu Beginn sollten Sie versuchen, wichtige Punkte wie die 7, die 5 und die 4 „zu" zu machen. Die nachfolgende Abbildung (Abb. 5.1) zeigt eine ideale Position von Schwarz, bei der diese drei Punkte gemeinsam mit den bereits besetzten Punkten 6 und

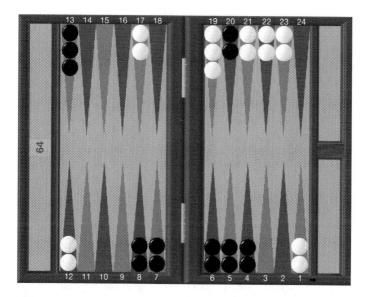

Abb. 5.1 ideale Backgammon-Position für Schwarz. (Quelle: yeni-tavla)

8 eine schwer überwindbare Fünfer-Blockade bilden. Zudem hat Schwarz auf dem 5-Punkt Feld im gegnerischen Innenfeld einen hilfreichen Anker.

5.3 Strategien: Tempo, Mauern und Blockieren

Die bei Tipp 5.1 genannten Wahrscheinlichkeiten gehören zum grundlegenden Handwerkszeug beim Backgammon. Die Kunst ist es, bei sich ständig wechselnden Spielsituationen dieses Handwerkszeug richtig bzw. strategisch einzusetzen. Grundlegende Gesamtstrategien sind:

Nichts wie Heim

Diese sicherlich einfachste Strategie besteht darin, alle Steine – insbesondere die am weitesten entfernten – so schnell und sicher wie möglich ins eigene Innenfeld zu bringen. Sie kann erfolgsversprechend sein, wenn Sie mit deutlich stärkeren Würfen als Ihr Gegner beginnen.

Mauern und schlagen

Ausgefeiltere Strategien zielen darauf ab, wenn möglich alleinstehende gegnerische Steine zu schlagen und deren Rückkehr auf das Brett durch Blockaden und Mauern im eigenen Innenfeld zu erschweren. Mauern, die aus vier oder mehr hintereinander aufgebauten Punkten bestehen, erschweren Ihrem Gegner auf dem ganzen Feld das Spiel und sind ein sicherer Hafen für eigene Steine. Einmal aufgebaut sollten Sie daher versuchen, die Mauer in Richtung Innenfeld zu verschieben.

Das Back-Game als letzte Chance

Bei dieser Strategie bauen Sie im gegnerischen Innenfeld mehrere Anker auf (idealerweise auf 4–2, 3–2 und 3–1), so dass Ihr Gegner seine Steine nur sehr schwer abtragen kann, sie ungedeckt stehen lassen muss und Sie zuschlagen können. Diese Strategie sollten Sie nicht von Beginn an verfolgen, denn sie ist bei einer Niederlage mit einem hohen Gammon- oder gar Backgammon-Risiko verbunden. Sie bietet sich vielmehr an, wenn Sie zurückliegen, wiederholt eigene Steine geschlagen bekommen, Sie beim rausziehen die oben genannten Felder besetzen können und damit eine realistische Chance haben, das Spiel noch zu drehen.

5.4 Steine nicht zu früh bis ans Ende Ihres Innenfelds vorrücken

Gerade am Anfang des Spiels sollten Sie es vermeiden, Steine bis an die letzten beiden Positionen Ihres Innenfelds vorzurücken. Denn dort haben Sie keinen bzw. einen sehr engen Bewegungsspielraum und können kaum noch gegnerische Steine schlagen.

5.5 An das Stellungsspiel denken

Zwar ist es wichtig, möglichst wenige Steine alleine bzw. ungeschützt zu lassen. Dabei dürfen Sie aber Ihr Stellungsspiel nicht vernachlässigen. Denken Sie nicht nur an den nächsten Zug, sondern auch an die darauffolgenden Züge. Möglichst viele sogenannter „Builder" (Steine, mit denen Sie potenziell gewünschte Punkte wie zum Beispiel ein zu schließendes Loch in einer von Ihnen errichteten Blockade besetzen können) machen Ihr Spiel flexibel.

5.6 Wann doppeln?

Die Antwort hängt von vielen Faktoren ab (z. B. von der Gammon- und Backgammon-Wahrscheinlichkeit, vom Matchstand oder vom Fortschritt des Spiels). Einen groben Anhaltspunkt über den richtigen Dopplungszeitpunkt geben die Berechnungen von Jörg Bewersdorff für ein Zwei-Steine-Modell des Backgammon: Danach sollten Sie ungefähr dann doppeln und redoppeln, wenn Sie einen Vorsprung von 10 % erreicht haben (*vgl. Bewersdorff (2012, S. 235). Im Folgenden (2012, S. 236) beschreibt Be-*

wersdorff zudem eine Schätzformel, um den Vorsprung in einer ge-gebenen Backgammon-Position annährungsweise zu ermitteln).

5.7 Im Schlussspiel: Alles ins Innenfeld!

Sind alle Steine von beiden Spielern entkommen, dann sollten Sie so schnell wie möglich alle Steine ins Innenfeld ziehen und dabei Ihre Steine möglichst gleichmäßig auf dem 5-6er Punkt verteilen. So minimieren Sie die verschenkten Züge.

6

Reversi

Reversi wurde in den 1880er Jahren in England entwickelt. In Japan wurde 1971 das Spiel als Othello angemeldet. Dort wird es heute von etwa 25 Mio. Menschen gespielt. Im Unterschied zu Reversi werden bei Othello die ersten vier Steine als Eröffnung festgelegt. Zudem gibt es keine feste Begrenzung der Zahl der Spielsteine.

6.1 Gier ist eine der sieben Todsünden. Oder: Weniger ist (zunächst) mehr

Auch wenn es überraschend klingt: Versuchen Sie zu Beginn des Spiels eher weniger als mehr Steine zu bekommen bzw. umzudrehen. Aber übertreiben Sie diese Strategie nicht. Denn mit ganz wenigen Steinen droht Ihnen die Gefahr ganz vom Brett gefegt zu werden. Einige sichere Steine am Rand des Spielfelds schützen vor einem „wipe-out". Wenn es ganz bedrohlich wird: Versuchen Sie Steine in zwei Richtungen umzudrehen.

6.2 Zentrum besetzen aber Frontsteine und damit Wallbildung vermeiden

Versuchen Sie in den ersten Zügen möglichst die vier Steine der Anfangsposition zu besetzen. Generell ist es besser, Steine ins Zentrum zu setzen und möglichst wenige Steine am äußeren Rand (Frontsteine) zu nehmen, die eine Art Wall oder Mauer bilden würden. Denn Ihre Mauer bietet dem Gegner Spielmöglichkeiten und schränkt Ihre eigene Mobilität ein.

6.3 Klumpen bilden!

Sammeln Sie Ihre Steine lieber in einem Klumpen, als sie isoliert zu verstreuen.

6.4 Randfelder: Überlegt vorgehen

Felder an den äußersten Rändern sind eigentlich recht sicher, da sie weniger angreifbar sind. Doch zu früh sollten Sie die Randfelder nicht besetzen. Denn bei den Randfeldern zählt nicht die bloße Anzahl der dort postierten Steine (mehr Steine sind tendenziell eher ungünstig), sondern wie sie postiert sind. Mit einem geschickt platzierten Keil und einem Stein in der Ecke können Sie sich wichtige stabile Steine sichern. Grundsätzlich gilt, dass eine Kantenposition mit zwei eigenen Steinen mit ungeradem Abstand sehr viel leichter angreifbar ist, als eine Position mit geradem Abstand.

6.5 Über die Ecken zum Sieg

Richtig sicher sind zunächst aber nur die vier Felder in den Ecken. Sie können nicht mehr umgedreht werden und haben damit eine große strategische Bedeutung. Gilt beim Hobbyfußball drei Ecken ein Elfer, dann gilt beim Reversi drei Ecken fast ein Sieg. Deshalb sollten Sie wenn irgend möglich vermeiden, die beiden Randfelder neben dem Eckfeld und vor allem auch das Feld schräg vor dem Eckfeld als erster zu besetzen, da dies eine Einladung an Ihren Gegner ist, seinerseits das Eckfeld zu besetzen. Umgekehrt sollten Sie Ihre Strategie darauf ausrichten, Ihren Gegner zu zwingen eines der um das Eckfeld liegenden Felder besetzen zu müssen, um Ihrerseits das Eckfeld besetzen zu können. Teil dieser Strategie ist es, eher weniger als mehr Steine zu haben (siehe Tipp 6.1).

6.6 Sichere Steine sichern

Sobald Sie Eckfelder erfolgreich besetzt haben: Vergrößern Sie die sicheren, meist konvexen Gebiete um das Eckfeld herum und maximieren so die Zahl der sicheren Steine.

6.7 „Stille" Züge aufbauen und nutzen

Meistens wäre es bei Reversi zumindest zu Spielbeginn am besten, einfach auszusetzen. Denn mit jedem Zug eröffnen Sie dem Gegner neue Spielmöglichkeiten (und erhöhen dessen Mobilität) und schränken Ihre eigenen Möglichkeiten eher ein. Wenn Aussetzen aber nicht erlaubt ist, sollten Sie sogenannte stille oder leise Züge als Option aufbauen und nutzen. Ein stiller Zug verändert das Brett so wenig wie möglich, da bei ihm möglichst wenige Steine umgedreht werden (idealerweise nur einer) und diese sich am besten im Inneren befinden. Da solche leisen Züge sehr wertvoll sind, sollten Sie eigene aufbauen und Ihren Gegner keine aufbauen lassen.

7

Halma

Halma erfand der englische Chirurg George Howard Monks 1883. Sie können Halma auf einem Karoplan mit 16 × 16 Feldern oder im vor allem in Deutschland verbreiteten Sternplan spielen. Diese Tipps beziehen sich auf das Sternhalma.

7.1 Lange Sprungfolgen erkennen und entwickeln

Am Ende gewinnt der Spieler, der mehr und längere Sprungfolgen nutzen konnte als seine Gegner. Es geht also darum, solche Sprungfolgen zu erkennen und sie Ihren Gegnern zu verbauen. Wenn Sie selbst eine Sprungfolge entwickeln, achten Sie darauf, dass sie möglichst nicht auf dem Weg Ihres bzw. Ihrer Gegner liegt und Sie sie zumindest besser als Ihre Gegner nutzen können.

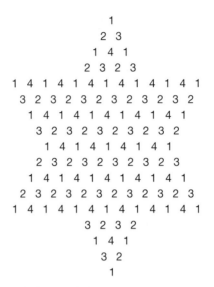

Abb. 7.1   Sorten beim Sternhalma

7.2 Die Sorte der Steine möglichst wenig ändern

Jeder Stein hat beim Sternhalma eine von vier Sorten. Ein Stein der nur springt, kann nur ganz bestimmte Felder seiner Sorte erreichen, auch und gerade im Zieldreieck. Die genaue Anordnung der Sorten zeigt Abb. 7.1.

Ein gezogener Stein ändert sofort seine Sorte. Diese Änderung müssen Sie spätestens im Zieldreieck durch einen weiteren Zug ausgleichen. Sie sollten daher darauf achten, kein großes Sorten-Ungleichgewicht zu erzeugen (also besonders viele Steine einer oder zweier Sorten zu haben).

7.3 Gegnerische Figuren einsperren

Bauen Sie mit Ihren Steinen keine Sprungbretter für Ihren Gegner. Dazu können Sie hinter einen Stein einen oder zwei weitere Steine als Deckung bzw. Sprungverhinderer stellen.

7.4 Niemand zurücklassen: Holt James Ryan da raus

Wenn sich im Mittelspiel die im Zentrum geballten Figuren auflösen, sollten Sie aufpassen, Ihre hintersten Figuren nicht isoliert zurückzulassen. Im Huckepackverfahren und gegenseitigem Überspringen können sich zwei Steine gemeinsam fortbewegen.

7.5 Bei Mehrspielerspiel: Allianzen bilden

Spielen Sie zu viert oder gar zu sechst, können Sie auch mit einem Ihrer Nebenspieler, die in eine ähnliche Richtung müssen, eine gemeinsame Sprungfolge bzw. Schnellstraße entwickeln. Gerade beim Spiel zu sechst sind allerdings im Mittelfeld keine großen Sprünge zu machen. Wenn 84 Steine über eine sehr begrenzte Zahl an Schnittpunkten müssen, entsteht eine Situation wie beim Sommerschlussverkauf mit Freibierausschank. Spielentscheidend ist dann oft die Auflösung dieser Zentrumsballungen. Dann müssen Sie Sprungketten nutzen (siehe Tipp 7.4).

8

Scrabble

Ein Vorläufer von Scrabble wurde etwa um 1930 herum von einem New Yorker Architekten erfunden und trat nach 1950 seinen Siegeszug an. Scrabble wurde bisher über 100 Mio. Mal in mehr als 30 Sprachen verkauft.

8.1 (Kurze) Begriffe anlesen – Wortschatz erweitern

Hilfreich sind sehr kurze Worte mit einem seltenen Buchstaben (wie Qi, Ud, Ul oder Xi). Lesen Sie sich diese Wörter an (*sollte es zu Unstimmigkeiten über Wörter kommen, können Sie diese etwa hier überprüfen: http://www.wort-suchen.de/scrabble-hilfe/*).

8.2 Ausgewählte Buchstaben zurückhalten und verdoppeln oder verdreifachen

Wenn Sie für gebräuchliche Buchstaben wie „E", „S" oder „N" gerade keine Knaller-Einsatzmöglichkeiten finden: Halten Sie sie ruhig zurück, um noch bessere Wörter oder aber Verdopplungs- oder Verdreifachungsfelder zu erreichen.

8.3 Mehrere Wörter in einem Spielzug

Sie können Spielsteine optimal nutzen, indem Sie a) auf Bonusfelder setzen oder b) mehrere Wörter in horizontaler und vertikaler Richtung in einem Zug bilden. Versuchen Sie gerade die seltenen Buchstaben mehrfach zu werten.

8.4 Umformen, was die Grammatik so hergibt

Bereits auf dem Brett liegende Wörter können oft durch grammatische Umformungen erweitert werden. Ein Beispiel: Aus einem „lern" kann ein „lernt" oder „lerne" werden, daraus wiederum ein „lernte" oder „lernen" und so fort – bis zu den „Erlernenden" und „Verlernenden".

Teil II

Kinder- und Familienspiele;
Logik- und Quizspiele

9

Cluedo

Die Spielidee zu Cluedo hatten ein britischer Anwaltsgehilfe und dessen Ehefrau kurz vor dem Ende des zweiten Weltkrieges. Es erschien 1949 in Nordamerika als Clue. Weltweit werden jährlich etwa drei Millionen Spiele verkauft.

9.1 Möglichst nicht nach Karten fragen, die Sie schon kennen

Einzige Ausnahme sind Ihre eigenen Karten. Von denen können Sie eine oder zwei nennen, um sich auf die übrige(n) Kategorie(n) konzentrieren zu können.

9.2 Restriktive Informationspolitik

Wenn Sie selbst gefragt werden und mehrere Karten zeigen können: Zeigen Sie wenn möglich eine bereits bekannte Karte. Geben Sie nicht mehr neue Informationen preis als nötig.

9.3 So oft wie möglich Verdächtigungen in Zimmern aussprechen

Verplempern Sie möglichst wenig Zeit auf den Gängen. In den Zimmern spielt die Musik. Sprechen Sie hier so viele Verdächtigungen wie möglich aus. Denn jede Runde ohne eine ausgesprochene Verdächtigung ist eine verlorene Runde. Und versuchen Sie von Beginn an gezielt viel über das Tatzimmer heraus zu bekommen. Denn Zimmer sind meist der schwierigste Teil der Ermittlung – da es zum einen mehr von ihnen gibt (neun Zimmer aber jeweils nur sechs Tatwerkzeuge und Verdächtige) und sie zum anderen schwerer zu erreichen sind und nicht einfach wie die Werkzeuge und Verdächtigten herbeigeordert werden können.

9.4 Geheimgänge nutzen

Die Geheimgänge sind der beste Weg, um keine Zeit auf den Gängen zu verschenken. Pendeln Sie also so lange zwischen Eckzimmern hin und her, bis Sie die Zimmer ausschließen können. Und sammeln Sie nebenbei noch möglichst viele weitere Informationen.

9.5 Im eigenen Zimmer nachforschen und Ermittlungen der Mitspieler stören

Forschen Sie ruhig auch in Ruhe in „Ihrem" Zimmer nach Tatwerkzeugen und Tätern. Wenn einer Ihrer Gegner kurz davor ist, ein interessantes Zimmer zu betreten (ein Eckzimmer mit Geheimgängen oder ein mögliches Tatzimmer), können Sie ihn in Ihrem Zimmer befragen. Und wenn dieser Spieler danach in Ihrem Zimmer eine Befragung macht, können Sie ihm einfach die Zimmerkarte zeigen.

9.6 Aufwändig aber effektiv: Alle Informationen notieren! Deduktion! Ausschlussverfahren! Mitdenken!

Es ist natürlich aufwendig, jede Verdächtigung, jede gezeigte Karte und jeden noch so kleinen Anhaltspunkt zu notieren. Doch die Informationen können sehr nützlich sein.

Wenn Sie zum Beispiel wissen, dass ein Mitspieler das Seil hat, Sie selber Baronin von Porz haben und ein dritter Mitspieler eine Karte zeigt, um die Verdächtigung „Baronin von Porz, in der Bibliothek, mit dem Seil" zu wiederlegen, dann wissen Sie, dass diese Karte die Bibliothek sein muss. Wenn ein Gegner immer wieder eine Karte abfragt, scheint sie niemand wiederlegen zu können. Dies deutet wiederum darauf hin, dass sich diese Karte entweder in der Hand des Gegners oder aber in der Ermittlungsakte befindet.

10

Das Malefizspiel

Das Malefizspiel ist ein Klassiker aus den sechziger Jahren. Erfunden hatte es der Bäckerei-Angestellte und spätere System-Analytiker Werner Schöppner. Vorbild war vermutlich das indische Nationalspiel Pachisi. Der Titel soll auf einen Ausruf der Ehefrau des Verlegers Otto Maier beim Probespielen zurückgehen: „Du bist doch ein echter Malefiz!", wobei Malefiz ein fast vergessenes Wort für eine schlechte Tat ist. Was heute nicht mehr so leicht möglich wäre: Das Spiel schockierte bei seinem Erscheinen 1960 aufgrund der Spielgestaltung mit dem legendären Quartett merkwürdiger Gestalten, traf aber den Nerv der Zeit: Mehr als fünf Millionen Exemplare wurden nach Verlagsangaben verkauft.

10.1 Das Wir entscheidet

Wenn Sie Ihre Figuren einzeln auf den langen, mühsamen Weg schicken, haben diese viel Arbeit, Blockaden frei zu räumen. Zudem sind sie ständig dem Risiko ausgesetzt, geschlagen zu werden. Platzieren Sie lieber viele Ihrer Figuren im Mittelfeld. Und wenn die Luft rein ist, preschen Sie in der Gruppe vor. Bereits mit einer zweiten Figur verdoppeln Sie meist die Chance, einen Blockadestein mit einem Wurf aus dem Weg zu räumen.

10.2 Was weg ist, ist weg

Wenn Sie die Wahl haben, entweder eine gegnerische Figur zu schlagen, die Ihnen direkt auf den Fersen ist oder einen Hindernisstein aus Ihrem Weg bzw. in den Weg Ihres Gegners zu räumen: Schlagen Sie die gegnerische Figur.

10.3 Wohin mit den Blockadesteinen?

Um einen Blockadestein klug zu versetzen, sollten Sie drei Kriterien beachten: Treffe ich meine Hauptkonkurrenten? Welche Umgehungsmöglichkeiten gibt es? Und behindere ich meine eigenen Figuren? Am besten ist es demnach, wenn Sie einen Engpass blockieren können, durch den mindestens einer Ihrer Hauptkonkurrenten in jedem Fall vor Ihnen durch muss.

10.4 Bündnisse schließen

Wenn ein Mitspieler kurz vor dem Ziel steht, können Sie zusammen mit den anderen Mitspielern lange Blockaden aufbauen und ihn noch auf der Zielgeraden einholen.

11

Sagaland

Sagaland erhielt 1982 den Preis für das Spiel des Jahres und wurde seitdem über drei Millionen Mal verkauft. In der neuen Spielvariante von 2011 gibt es zudem eine „Gute Fee", die bei einer 7 einen Extra-Zug ermöglicht und vor Rauswürfen schützt. Diese Variante ist bei diesen Tipps noch nicht berücksichtigt.

11.1 Möglichst beide Würfel nutzen

Prüfen Sie, ob Sie beide Würfel nutzen können, um etwa gleich unter zwei Bäumen schauen oder Gegner ins Dorf schicken zu können.

11.2 Auf Vorrat Symbole merken

Sie sollten sich maximal so lange im Wald herumtreiben, bis Sie Ihre Merkkapazitätsgrenze erreicht haben (Sie also die zu Beginn umgedrehten Symbole wieder vergessen) und das oben liegende Symbol finden können. Sie können sich aber auch schon vorher möglichst unbemerkt in die Nähe des Schlosses pirschen und vor

den anderen Ihr Glück im Schloss versuchen: Schlimmstenfalls
raten Sie falsch und lernen damit ein neues Symbol kennen.

11.3 Bei Pasch und im Schloss ruhig (noch) mal raten

Bei einem Pasch lohnt es sich oft, zum Schloss vorzurücken und
es auf einen Rateversuch ankommen zu lassen, auch wenn Sie
das Symbol nicht kennen. Zaubern lohnt sich, wenn Sie einem
Siegaspiranten gezielt einen Strich durch die Rechnung machen
können. Einmal im Schloss angelangt, sollten Sie solange wie
möglich bleiben. Wieder gilt: Sie können entweder zusätzliche
Karten bekommen oder neue Symbole kennenlernen.

11.4 Ein Männlein steht (allein) im Wald: Gut so!

Erforschen Sie Gebiete, in denen Ihre Gegner noch nicht waren
bzw. sind. So vermindern Sie die Gefahr selbst geschlagen zu werden, erhalten exklusives Wissen und bekommen selten Symbole
von Ihren Gegnern vor der Nase weggeschnappt.

11.5 Wie und wann raten Ihre Gegner?

Achten Sie darauf, welche Gegenden Ihre Gegner bereits durch-
forstet haben und bei welchen Symbolen sie vom Schloss aus welche Bäume umdrehen. Liegen sie falsch, können auch Sie Schlüs-
se daraus ziehen, wo das Symbol zumindest nicht liegt bzw. wo
es dann liegen könnte.

12

Hase und Igel

Die Faustregeln beziehen sich auf das deutsche Ursprungsspiel von Ravensburger aus dem Jahr 1978, das 1979 als erstes Spiel des Jahres ausgezeichnet wurde. In der Neuauflage des Verlages Abacus aus dem Jahr 2000 gab es Änderungen bei der Felderplatzierung und den Hasenkartenregeln, durch die der Zufallsfaktor weiter zurückging.

12.1 Drei Strategien: Konstant vorne weg, flexibel mitten dabei oder ganz hinten hamstern

Drei Strategien bieten sich an, die Sie in Abhängigkeit von der Strategiewahl Ihrer Gegner verfolgen und mischen können (insbesondere die Strategien a) und b) können gut miteinander kombiniert werden):

a. **Konstantes Tempo – Auftanken beim Igel**
   Wenn Sie etwa drei bis sechs Felder pro Zug ziehen, haben Sie einen effizienten Karottenverbrauch (ähnlich wie beim Autofahren, wo eine durchgängige mittlere Geschwindigkeit auf der Landstraße sparsamer als Stop and Go, als Stadt und Autobahn ist). Passen Sie Ihr Tempo aber so an, dass Sie zumindest all die

Felder mitnehmen, die Ihnen freie Sofortkarotten versprechen (etwa die Fahne als Führender). Zudem sollten Sie zumindest ein- bis zweimal beim Igel auftanken. Diese Boxenstopps sollten Sie bei den Igeln einlegen, zwischen denen der größte Abstand besteht (etwa auf der Mitte der Strecke liegen zwischen zwei Igeln sechs Felder, Sie können also maximal 60 Karotten einstreichen). Wenn Sie ansonsten den Rückwärtsgang genauso wie Warterunden auf dem Karottenfeld meiden und meist neutrale Hasenkarten bekommen, können Sie mit dieser Strategie und einem Startvorrat von 68 Karotten in etwas mehr als 20 Zügen (inkl. drei Salatpausen) ins Ziel einlaufen.

b. **Misch- bzw. Positionsstrategie**

Bei dieser Strategie mischen Sie im Mittelfeld mit und müssen daher die Züge Ihrer Gegner ständig antizipieren, um selbst Positionskarotten zu bekommen und Ihren Gegnern die Tour zu vermasseln. Diese Strategie ist einerseits komplex und riskant, da Sie Ihrerseits ständig mit Störungen durch Ihre Gegner rechnen müssen. Andererseits ist diese Strategie die flexibelste. Je nach Erfordernissen können Sie sich kurzzeitig zurückfallen lassen, um Ihre Vorräte aufzufrischen. Oder aber Sie preschen vor, um wichtige Felder zu besetzen und Ihren Hauptkonkurrenten zu stören. Damit Sie tatsächlich flexibel bleiben, sollten Sie Ihren Karottenvorrat vor dem Zieleinlauf nie bis ganz zum Ende aufbrauchen, sondern rechtzeitig Polster bilden.

c. **Von hinten das Feld aufrollen**

Bei dieser vielleicht erfolgversprechendsten Strategie maximieren Sie zu Beginn Ihren Karottenvorrat und brauchen Ihren Salatvorrat zeitig auf. Wenn keiner Ihrer Gegner ebenfalls diese Strategie wählt, können Sie so in der ersten Spielhälfte sicher und entspannt auf dem letzten Platz verharren und die entsprechenden Positionskarotten (bis zu 60 bei einem sechs Spieler-Spiel) einstreichen. Mit Hilfe des Igels können Sie das Zahlenfeld des Letztplatzierten gleich mehrfach nutzen (einfach zwischen Zahlenfeld und Igel pendeln). Wichtig ist dabei, rechtzeitig den Hebel umzulegen, um den Endspurt nicht zu verpassen und keine zu großen Karottenvorräte ins Ziel zu schleppen. In Wettrennen mit vier Spielern sollten Sie den Hebel spätestens umlegen, wenn Sie etwa 200 Karotten angehäuft haben, um in neuner oder zehner Schritten von einem Positionsfeld zum nächsten Anschluss an die Gegner zu bekommen, um sie dann kurz vor dem Ziel mit ein bis zwei langen Zügen zu überholen. Doch rechnen Sie genau. Es ist besser mit zu wenig als zu vielen Karotten in den Zielbereich zu kommen, denn Karotten loszuwerden ist schwieriger als neue Karotten zu bekommen.

12.2 Auftanken: Positionskarotten > Igel > Karottenfelder

Wie bei der Formel 1 sollten Boxenstopps möglichst wenig Zeit kosten. Der schnellste Weg, seinen Karottenvorrat aufzufrischen, ist es, in einer hinteren Position die Positionskarotten zu kassieren, denn dazu müssen Sie nicht aussetzen (siehe Strategie c). Wenn Sie allerdings an der Spitze des Feldes liegen, können Sie größere Mengen Karotten nur durch den Weg zurück auf einen Igel bekommen (siehe Strategie a). Auf Karottenfelder auszuharren ist hingegen wenig ratsam, denn bei nur zehn Karotten pro Zug vergeht zu viel Zeit, bis der Tank wieder voll ist.

12.3 Hasenfelder: Besser als neutrale Felder. Hasenkarten einprägen!

Da acht von zwölf Karten positive Ereignisse bringen, sollten Sie Hasenfelder neutralen Feldern (etwa Zahlenfelder, deren Position Sie sowieso nicht erreichen) zumindest zu Spielbeginn vorziehen.

Da zwölf Karten überschaubar sind, lohnt es sich, auf die bereits gezogenen Karten zu achten. Wenn die Wahrscheinlichkeit für ungünstige Hasenkarten steigt, sollten Sie gegen Ende des Spiels insbesondere dann das Hasen-Risiko meiden, wenn Sie in aussichtsreicher Position sind. Wenn Sie hingegen hoffnungslos zurück liegen, können Sie das Risiko der Hasenkarten gezielt suchen (die Karte „eine Position zurückfallen" verliert dann ja auch ihren Schrecken) und bei leeren Vorräten auf die Karte „der letzte Zug kostet nichts" spekulieren.

12.4 Salat frühzeitig aufessen

Essen Sie Ihren Salat frühzeitig auf. Wenn Sie kurz vor dem Ziel noch auf ein Salatfeld müssen, schränkt dies Ihre Möglichkeiten ein und die Karotten nach dem Salatverzehr können gerade auf dem vorletzten Feld kaum noch bis zum Ziel verdaut werden.

13

Mensch ärgere Dich nicht

Mensch ärgere Dich nicht geht wie das Malefizspiel auf das alte indische Spiel Pachisi zurück. 1910 erschien es erstmals in Deutschland. Ab 1914 wurde es in Serie produziert. Im ersten Weltkrieg schaffte es dank einer sehr erfolgreichen Werbeaktion seinen Durchbruch. Der Entwickler J. F. Schmidt schickte 3000 Spiele an Lazarette, damit sich die verwundeten Soldaten die Langeweile vertreiben konnten. Die Kriegsrückkehrer spielten das Spiel dann mit ihren Familien. Bis heute wurden mehr als 70 Mio. Exemplare des Spiels verkauft.

13.1 Bei drei Spielern: Hinter die Lücke postieren

Bei drei Spielern sollten Sie sich nach Möglichkeit die Farbe aussuchen, vor der eine Farbe unbesetzt ist. Denn so lauert hinter Ihnen weniger Gefahr und Sie können sich ihrerseits schneller auf die Jagd nach Ihren Gegnern machen.

13.2 Immer im Windschatten bleiben

Der Windschatten ist der sicherste Ort. Gleichzeitig haben Sie dort die besten Chancen, gegnerische Figuren zu schlagen. Bleiben Sie deshalb wenn möglich immer in Wurfreichweite (max.

fünf bis sechs Felder) hinter Ihren Gegnern. Wenn Sie mit mehreren Figuren in Wurfreichweite zu mehreren gegnerischen Figuren sind, versuchen Sie nach Möglichkeit unterschiedliche Abstände zu halten. So verdoppeln Sie die Chance, eine gegnerische Figur schlagen zu können. Sobald Sie gegnerische Figuren doch überholen müssen, versuchen Sie so schnell wie möglich aus deren Reichweite zu entfliehen. Noch etwas: Damit Sie die Windschattenstrategie umsetzen können, brauchen Sie mehrere Figuren auf dem Feld. Nur dann haben Sie überhaupt Wahlmöglichkeiten. Also ziehen Sie wenn immer möglich neue Figuren auf das Spielfeld.

13.3 Gegnerische Startpunkte als No-go-Areas

Auf gegnerischen Startpunkten droht Ihnen eine zusätzliche Gefahr von möglichen neuen Figuren auf dem Spielbrett. Auf diesen Feldern sollten Sie sich nach Möglichkeit gar nicht, und wenn dann nur sehr kurz aufhalten.

13.4 Hauptsache in Sicherheit

Ihre Hauptaufmerksamkeit sollte immer der am weitesten vorne platzierten Figur gelten. Schützen Sie sie! Und ziehen Sie sie möglichst schnell in das Zielfeld. Denn dort ist es einfach am sichersten. Ideal ist, wenn Sie innerhalb des Zielfelds möglichst ganz nach vorne rücken. Dann haben Sie wieder 3 Versuche, falls keine Figur mehr auf dem Spielfeld ist.

14

Vier Gewinnt

Vier Gewinnt wurde Anfang der 1970er Jahre entwickelt und beschäftigte gleich mehrere Mathematiker, die sich einen Wettlauf um die Lösung dieses – mathematisch ausgedrückt – zwei-Personen Spiels mit vollständiger Information lieferten. Letztlich hatte Victor Allis (vgl. Allis 1988) die Nase knapp vor James D. Allen. Beide kamen zum selben Ergebnis: Der beginnende Spieler gewinnt bei perfektem Spiel mit dem klassischem 7×6 Brett, selbst wenn der zweite Spieler seinerseits perfekt spielt. Der erste Wurf eines perfekten Spiels geht in die Mitte. Danach wird es komplizierter. Unsere Faustregeln können diese Komplexität nicht auflösen, sondern nur eine grobe Annäherung an ein perfektes Spiel beschreiben.

14.1 Auf die Schnelle: Eine Dreierkette mit zwei offenen Enden

Die schnellste Gewinnstrategie ist es, gleich in der ersten Reihe eine Dreierkette mit zwei offenen Enden zu werfen. Meist wird Sie Ihr Gegner dabei aber stören. Dennoch sollten Sie weiter versuchen, Dreierketten zu bilden, die mindestens ein offenes Ende (ein so genanntes Loch) haben. Ein Loch weit unten (etwa in der zweiten oder dritten Reihe) ist tendenziell gefährlicher als Dreierketten, die weiter oben enden.

14.2 Zwei Bedrohungen gleichzeitig aufbauen

Erfolgsversprechender ist es, zwei Bedrohungen – zum Beispiel mit einem Stein gleichzeitig zwei Dreierketten – aufzubauen. Identifizieren Sie möglichst viele solcher potentiellen Zwickmühlen oder Gabeln für sich und für Ihren Gegner – um sie rechtzeitig zu verhindern oder wenn sich die Chance bietet zu nutzen. Wenn Sie zwei Bedrohungen aufbauen können, wäre es ideal, wenn ein offenes Ende in einer geraden Reihe liegt und ein offenes Ende in einer ungeraden Reihe. Dann erhöhen Sie Ihre Chancen, tatsächlich eine Viererkette zu bilden.

14.3 Auf die mittlere(n) Spalte(n) achten!

Die mittlere Spalte ist die strategisch wichtigste Spalte. Abgesehen von den vertikalen Viererketten muss zumindest jede horizontale oder diagonale Viererkette einen Stein in der mittleren Spalte beinhalten. Deshalb werden Steine umso bedrohlicher, je näher sie an der Mitte des Spielfeldes liegen.

14.4 Abwehr und Angriff verbinden

Besonders effektive Züge erfüllen mehr als nur eine Funktion. Sie blockieren die Reihe des Gegners und sind gleichzeitig der Startpunkt für eine eigene Offensive. Mindestens eine der beiden Funktionen, also gegnerische Bemühungen blockieren oder eigene vorantreiben, sollte jeder Stein haben.

14.5 Spielverlauf steuern

Versuchen Sie die Partie zu bestimmen, indem Sie Ihren Gegner in die Defensive und zu Verteidigungswürfen drängen und Ihre Strategie durchziehen können.

14.6 Als Startspieler Falle mit „ungeradem Loch" bauen

Eine zentrale Rolle für dem Spielausgang spielt, in welcher Reihe sich die Löcher befinden: In einer ungeraden (also dritte oder fünfte Reihe) oder geraden Reihe (zweite, vierte oder sechste Reihe). Die ungeraden Löcher können für den Spieler der Schlüssel zum Gewinn sein, der mit dem ersten Stein das Spiel begonnen hat. Die geraden Löcher sind hingegen für den Nachziehenden wichtiger. Dementsprechend sollten Sie als Startspieler versuchen, ein ungerades Loch aufzubauen. Als Nachziehender sollten Sie das verhindern. Entsprechend umgekehrtes gilt für gerade Löcher. Direkt über Löchern des Gegners liegende Löcher sind meistens nutzlos.

15

Schiffe versenken

Schiffe versenken wird meist nur mit Papier und Bleistift und oft in Schulen oder Universitäten gespielt. Es gibt aber auch kommerzielle Varianten, etwa von MB-Spiele (Flottenmanöver) oder von Ravensburger (Galaxis). Allen Varianten ist gemein, dass die Zahl der möglichen Stellungen nicht so schnell ausgeht. Bei einem Spiel mit einem 5er, zwei 4er, drei 3er und vier 2er gibt es ungefähr 26,5 Billionen Möglichkeiten, die Schiffe aufzustellen.

15.1 Fehlschüsse um Schiffe herum eintragen

Insofern die Regeln den Kontakt zweier Schiffe untersagen, sollten Sie, sobald Sie ein Schiff versenken, gleich die umliegenden Felder als Fehlschüsse markieren. Selbst wenn eine Berührung möglich ist, sollten Sie Schiffe nicht direkt aneinander anlegen. Denn Ihr Gegner könnte bei dem Versuch, ein Schiff nach Entdeckung zu versenken, solche Schiffe gleich mit entdecken.

15.2 Wenn schon, dann nur ein kleines Schiff an den Rand platzieren

Es ist nicht ratsam, insbesondere große Schiffe an den Rand zu stellen. Wird ein solches Schiff getroffen, lässt es sich leicht versenken, da am Rand nur eine Ausrichtung möglich ist. Einzelne, kleinere Schiffe können Sie aber durchaus am Rand oder gar in den Ecken verstecken.

15.3 Mit Diagonalen zum Schachbrett

Um gegnerische Schiffe zu finden, bietet sich an, zunächst diagonal durch das Spielfeld zu schießen. Nach und nach können Sie das Netz immer enger spinnen, bis am Ende eine Art Schachbrett bleibt. Wie engmaschig dieses Netz ist hängt davon ab, ob Sie zunächst eher kleinere Schiffe versenken (dann können Sie großmaschiger suchen) oder eher große versenken und viele kleine Schiffe (ggf. auch 1er) noch unentdeckt sind (dann sollten Sie entsprechend großmaschiger suchen).

15.4 Schießen Sie nach einem Treffer dort weiter, wo der meiste Platz ist!

Nach dem ersten Treffer sollten Sie in der Richtung weiter schießen, in der noch die meisten freien Felder liegen.

16

Stadt, Land, Fluss

Das Spiel wurde erstmals Ende des 19. Jahrhunderts von privat unterrichteten Schülern gespielt. Heute wird es in verschiedenen Variationen gespielt. So ist bei der Wahl der Kategorien Ihrem Einfallsreichtum praktisch keine Grenze gesetzt. Neben den hier genannten können Sie etwa auch nach Buchtiteln, Politikern, Schimpfwörtern, Begriffen aus der Bibel, Verbrechen oder Scheidungsgründen suchen. Zudem müssen Sie sich auf die Spielregeln einigen, insb. ob fremdsprachliche und wissenschaftliche Lösungen oder Dialekte erlaubt sind.

16.1 Mit Tempo: kurze Wörter schnell schreiben

Suchen Sie sich kurze Lösungen, die Ihnen spontan einfallen. Falls Ihnen nur eine Kategorie fehlt, kann es Sinn machen statt zu warten eine schnelle Lösung zu „kreieren", um den Mitspielern keine Zeit zum Auffüllen zu lassen (wobei Sie es mit dieser Strategie besser nicht übertreiben, denn einen Fairnesspokal bekommen Sie dafür sicher nicht).

16.2 Originell: Ausgefallene Lösungen bringen zusätzliche Punkte

Bei einer Stadt mit B denken viele gleich an Berlin. Mit Bielefeld, Braunschweig oder Bottrop bekommen Sie eher Sonderpunkte.

16.3 Gerade bei schwierigen Anfangsbuchstaben wie Q oder Y können Sie punkten, wenn Sie sich die Begriffe aus nachfolgender Übersicht einprägen

Bei der folgenden Tabelle wurden mit Qatar (arabisch für Katar), Xizang (chinesisch für die autonome Region Tibet) und Yemen (englisch für Jemen) fremdsprachliche Lösungen verwendet, da es keine deutschen Länderbezeichnungen mit Q, X und Y gibt. Andere, ebenso behelfsmäßige Lösungen sind Bundesstaaten oder Territorien wie Québec, Xinjiang oder Yorkshire. Sie sollten für diese Fälle im Vorfeld die Regeln klären (Tab. 16.1).

Tab. 16.1 Beispiellösungen bei Stadt, Land, Fluss

Stadt	Land	Fluss	Name	Tier	Beruf	Auto	Pflanze	Instrument	Film	Fussball-spieler[a]
Aachen	Andorra	Amazonas	Anna	Affe	Arzt	Audi	Ahorn	Akkordeon	Angel Heart	Allofs, Klaus
Bielefeld	Belgien	Blies	Bernd	Bär	Bäcker	BMW	Birke	Banjo	Bad Lieutenant	Ballack, Michael
Celle	China	Colorado	Carl	Chamäleon	Chemiker	Cadillac	Christrose	Cello	Casablanca	Cacau
Dortmund	Dänemark	Donau	Doris	Drossel	Dachdecker	Dacia	Dalie	Dudelsack	Dirty Dancing	Dietz, Bernhard
Emden	Estland	Elbe	Erich	Esel	Elektriker	Excalibur	Enzian	E-Gitarre	Easy Rider	Effenberg, Stefan
Frankfurt	Finnland	Fulda	Fred	Fuchs	Fliesenleger	Ford	Flieder	Fagott	Fargo	Förster, K.-H.
Göteborg	Griechenland	Ganges	Gerd	Gans	Gärtner	GMC	Geranie	Gitarre	Gegen die Wand	Gomez, Mario
Halle	Honduras	Hudson	Hans	Hund	Heilpraktiker	Honda	Hanf	Harfe	Highlander	Hamann, Didi
Innsbruck	Indien	Inn	Ina	Igel	Imker	Isuzu	Iris	Irische Flöte	Ice Age	Illgner, Bodo

Tab. 16.1 (Fortsetzung)

Stadt	Land	Fluss	Name	Tier	Beruf	Auto	Pflanze	Instrument	Film	Fussballspieler[a]
Jerusalem	Japan	Jordan	Jan	Jaguar	Jäger	Jaguar	Johannisbeere	Jagdhorn	Jurassic Parc	Jeremies, Jens
Karlsruhe	Kuwait	Kongo	Karl	Kamel	Kellner	Kia	Kaktus	Klavier	Kids	Kaltz, Manni
Leipzig	Liechtenstein	Lech	Laura	Lama	Lehrer	Lotus	Linde	Laute	Life of Brain	Lehmann, Jens
München	Marokko	Main	Mila	Maus	Maler	Mercedes	Mohn	Mandoline	Memento	Magath, Felix
Nürnberg	Nigeria	Nil	Nils	Nashorn	Notar	Nissan	Nelke	Nasenflöte	Napola	Neuvile, Oliver
Oslo	Oman	Oder	Otto	Otter	Organist	Opel	Orchidee	Orgel	Ocean's Eleven	Odonkor, David
Paris	Polen	Po	Paula	Puma	Pastor	Porsche	Pappel	Posaune	Platoon	Posipal
Queenstown	Qatar	Queich	Quentin	Qualle	Quantenphysiker	Quantum	Quitte	Querflöte	Quak, der Bruchpilot	Queck, Richard
Rotterdam	Rumänien	Rhone	Ron	Ratte	Richter	Rover	Rose	Rassel	Reservoir Dogs	Rahn, Uwe

Tab. 16.1 (Fortsetzung)

Stadt	Land	Fluss	Name	Tier	Beruf	Auto	Pflanze	Instrument	Film	Fussball-spieler[a]
Stuttgart	Schweden	Seine	Steve	Schwein	Schneider	Subaru	Spinat	Schlagzeug	Shining	Schweinsteiger
Toulouse	Türkei	Themse	Tim	Tiger	Tierarzt	Toyota	Tulpe	Trompete	Terminator	Tilkowski
Ulm	Ungarn	Ural	Ute	Uhu	Urologe	Unimog	Ulme	Ukulele	Unter Verdacht	Ugi, Camillo
Venedig	Vietnam	Var	Volker	Viper	Veterinär	Volvo	Veilchen	Violine	Vertigo	Völler, Rudi
Wien	Weißrussland	Weser	Wolf	Wolf	Waldarbeiter	Wartburg	Wacholder	Waldhorn	Wild at heart	Wörns, Christian
Xanten	Xizang (Tibet)	Xingú	Xaver	Xenopus	Xylograph	Xiali	Xanthium	Xylophon	X-Files	Xhaka, Granit
York	Yemen (Jemen)	Yukon	Yve	Yak	Yogalehrer	Yugo	Yuccapalme	Yidaki	Yellow Submarine	Yeboah, Antony
Zürich	Zypern	Zenn	Zeno	Zebra	Zugführer	Zagato	Zitrone	Zither	Zappa	Ziege, Christian

[a] bis auf Xhaka und Yeboah alles (ehemalige) deutsche Nationalspieler

17

Mastermind

Auch bekannt als Super Hirn oder Super Code. Bis ins Jahr 2000 wurden über 55 Mio. Spiele in 80 Ländern verkauft. Einige der Käufer waren Mathematiker, die sogleich nach der optimalen Strategie suchten. Donald E. Knuth entwickelt eine, mit der Sie durchschnittlich nur 4478 Rateversuche benötigen. Andere Mathematiker haben später noch weitere Strategien gefunden, mit der die Zahl der durchschnittlichen Rateversuche auf bis zu 4341 gesenkt werden kann (siehe hierzu Bewersdorff 2012, S. 243).

17.1 Beginnen Sie als Herausforderer mit einem 2-Farben Versuch (wie z. B. AABB) oder einem 3-Farben-Versuch (wie z. B. AABC)

Mit der optimalen Strategie können Sie in maximal fünf Versuchen jeden vierer Code, der aus sechs verschiedenen Farben (A, B, C, D, E, F) zusammengesetzt sein kann, knacken. Im ersten Versuch sollten Sie dazu je zwei Steine einer Farbe tippen (also z. B. AABB oder CCDD). Die nachfolgende Tabelle zeigt dann den zweiten Rateversuch in Abhängigkeit davon, wie viele Farben

Tab. 17.1 Rateversuch nach AABB im 1. Rateversuch beim Mastermind (Bewersdorff 2012, S. 241)

Antwort (s/w)	2. Rateversuch	Verbleibende Codes
0/4	BBAA	Fertig
0/3	ABAC	Noch 4
0/2	BCDD	Noch 18
0/1	BCDD	Noch 44
0/0	CCDE	Noch 46
1/2	ABAC	Noch 7
1/1	AACD	Noch 38
1/0	ACDD	Noch 44
2/2	ABAC	Noch 1
2/1	ABBC	Noch 6
2/0	ABCD	Noch 20
3/0	ABBC	Noch 5
4/0	Fertig	Fertig

Beispiel: Wenn Sie nach dem ersten Rateversuch mit AABB als Ergebnis 2/1 bekommen, also zwei schwarze Antwortstifte und ein weißer Antwortstift, dann sollten Sie als nächsten Rateversuch ABBC wählen, um die Menge an möglichen Codes auf sechs zu reduzieren

Sie bereits richtig platziert haben (dafür gibt es einen schwarzen Stift), bzw. wie viele Farben Sie noch nicht am richtigen Platz erwischt haben (weiße Stifte) (Tab. 17.1).

17.2 Ein blindes Huhn findet selten ein Korn: Mit System vorgehen statt auf Glück zu bauen

Auch bei den folgenden Versuchen sollten Sie möglichst viele der noch verbleibenden, in Frage kommenden Codes ausschließen, um so der Lösung Schritt für Schritt näher zu kommen. Dies ist vielversprechender, als auf einen Glückstreffer zu setzen. Anders ausgedrückt: Der von Ihnen getippte Code muss nicht unbedingt stimmen können, er sollte Ihnen vielmehr möglichst viele Informationen über den Zielcode geben.

17.3 Als Codierer: Mehr als nur eine Farbe benutzen, ansonsten zufällig wählen

Es ist für den Herausforderer ähnlich schwer, einen Code wie AAAB, AABB, AABC oder ABCD zu finden. Deshalb sollten Sie als Codierer einen dieser Codes zufällig wählen. Bei zufälliger Wahl sollte sich in etwa der Hälfte der Fälle ein Code der größten Code-Klasse AABC (diese Code-Klasse ist die größte, da es in ihr bei sechs verschiedenen Farben 720 verschiedene Codes gibt) ergeben, in etwa einem Viertel der Fälle ein Code der Klasse ABCD (in dieser Klasse gibt es 360 Codes) und nur in jeweils einem Achtel der Fälle die kleineren Code-Klassen AAAB und AABB (hier gibt es nur 120 bzw. 90 verschiedene Codes). Die Klasse der Einfarbencodes (zum Beispiel nur rot) enthält nur sechs verschiedene Codes und ist zudem noch leichter zu erraten. Auf diese Codes sollten Sie daher besser ganz verzichten. Damit Sie tatsächlich zufällig entscheiden, können Sie mit geschlossenen Augen einfach vier Farben ziehen – und Ihre Wahl nur in den seltenen Fällen wiederholen, in denen Sie viermal die gleiche Farbe gezogen haben.

18
Stratego

Kampfspiele mit dem Spielprinzip von Stratego verbreiteten sich wohl nicht ganz zufällig um die Zeit des ersten Weltkrieges. Weltweit wurden bis 2006 40 Mio. Stratego-Spiele verkauft.

18.1 Wohin mit der Fahne?

Gerade wenn Sie gegen einen schwächeren Gegner spielen, ist es sicherer, die Fahne hinter Bomben zu verbergen. In der äußersten linken oder rechten Ecke können Sie die Fahne hinter zwei Bomben schützen. Als Variation können Sie noch einen Unteroffizier hinter dann drei Bomben neben die Fahne platzieren. Zudem können Sie Ihren Gegner mit zwei Bomben und einem Unteroffizier in der anderen Ecke ablenken. Wenn Sie mehrfach gegen den gleichen Spieler spielen, sollten Sie Ihren Aufbau und den Standort der Fahne variieren.

18.2 Mischen Sie die Dienstränge

Vermeiden Sie es, ranggleiche Figuren an einem Ort zu ballen. Auch in Angriffstrupps sollten Sie auf eine gute Mischung achten. Ein typischer Angriffstrupp besteht aus einem Mineur, einem Aufklärer sowie einem höheren Offizier (Oberst oder Major), der hinter einem Rangniederen steht.

18.3 Mineure, Spion und einige Aufklärer verbergen

Sie sollten in den hinteren Reihen bis zum Schluss Mineure und auch noch ein bis zwei Aufklärer verbergen. Denn am Ende können sie spielentscheidend sein: Ohne Mineur kommen Sie nicht an eine hinter Bomben versteckte Fahne. Die Aufklärer werden gegen Ende des Spiels wertvoller, wenn sie ihre Schnelligkeit ausspielen können. Und auch den Spion sollten Sie am besten schützen, so lange der gegnerische Marschall noch im Spiel ist.

18.4 Eine Seite sichert der Marschall, eine Seite der General

Lassen Sie keine Flanke offen. Dazu bietet es sich an, auf einer Seite den General zu postieren und auf der anderen Seite den Generalfeldmarschall. Auf der Seite des Generals sollte auch der Spion stehen, um bei Angriffen des Marschalls zu unterstützen. Und platzieren Sie die Offiziere ruhig weiter vorne (2. Reihe), um schnell einsatzbereit zu sein.

18.5 Nicht bewegen!

Eine gut sortierte Stellung ermöglicht es, durch die Bewegung nur einiger weniger Figuren Angriffstrupps zusammen zu stellen und auf Angriffe des Gegners reagieren zu können. Denn umso weniger Figuren Sie benutzen, umso unberechenbarer bleiben Sie, und umso unklarer bleibt der Standort der Fahne und der Bomben. Gleichzeitig sollten Sie auf die Bewegung in den gegnerischen Reihen achten und so den Standort von Bomben und ggf. auch der Fahne antizipieren.

18.6   Haben Sie die höchste, unverwundbare Figur: Suchen Sie den Abtausch!

Sobald Sie eine unverwundbare Figur oder einen deutlichen Figurenvorteil haben, sollten Sie den Abtausch gleichrangiger Figuren suchen (wenn Sie zum Beispiel einen unverwundbaren Marschall haben, können Sie einen gegnerischen Major mit Ihrem Major angreifen). Denn umso weniger Figuren auf dem Spielfeld sind, umso leichter können Sie mit Ihrer höchsten Figur alles jagen, was sich bewegt.

18.7   Abwarten, kleine Siege feiern, Tee trinken, erkunden, Fahne erobern

Zu Beginn des Spiels sollten Sie zunächst die ranghöchsten gegnerischen Figuren identifizieren (achten Sie dazu auf die Reaktion auf Ihre Angriffe: Denn meist werden die starken Figuren in Bewegung gesetzt) und sich einen Figurenvorteil erarbeiten. Erst wenn sich die Reihen deutlich lichten, sollten Sie sich über die Stellung der Bomben und der Fahne Gedanken machen und einen ernst gemeinten Angriff auf die Fahne starten.

Teil III

Gesellschaftsspiele

19

Siedler von Catan

Siedler von Catan von Klaus Teuber erschien 1995 und wurde im selben Jahr Spiel des Jahres. Weltweit wurde das Spiel alleine bis 2002 über 10 Mio. Mal verkauft. Es ist in über 20 verschiedenen Sprachen in mehr als 40 Ländern erhältlich. Mittlerweile gibt es zahlreiche Erweiterungen wie Die Seefahrer, Städte und Ritter oder Händler und Barbaren. Die Faustregeln beziehen sich jedoch nur auf das Basisspiel.

19.1 Rohstofffelder nah an der 7

Auf jedem Rohstofffeld liegt eine Zahl von 2 bis 12. Die 7 wird statistisch gesehen am häufigsten geworfen (in einem von sechs Würfen). Im Vergleich dazu erscheint eine 2 und eine 12 nur in jedem 36. Wurf, wie die nachfolgende Tabelle zeigt. (Tab. 19.1)

Bauen Sie Ihre Siedlungen also an Rohstofffelder mit möglichst guten Zahlen (möglichst nah an der 7). Decken Sie verschiedene Zahlen ab, um nicht von wenigen Zahlen abhängig zu sein.

Tab. 19.1   Wahrscheinliche Augenzahl bei zwei Würfeln

Augenzahl	Wahrscheinlichkeit
7	6/36
6,8	5/36
5,9	4/36
4,10	3/36
3,11	2/36
2,12	1/36

19.2 Sichern Sie sich Rohstoffe, die vermutlich knapp werden

Achten Sie auf die Verteilung der Zahlen: Welcher Rohstoff wird voraussichtlich zu einem Engpass? (Wenn z. B. auf den Erz-Feldern eine 2, eine 11 und eine 8 liegen, ist es wichtig, an das 8er-Erz-Feld zu bauen). Meist sind Erz, Getreide und Lehm gefragte Rohstoffe, während Wolle in der Regel weniger entscheidend ist. Dies ergibt sich aus dem Verhältnis der Verwendungsmöglichkeiten und der Rohstofffelder (Erz wird demnach besonders schnell zu einem knappen Gut, da es viermal gebraucht wird (3x für eine Stadt, 1x für eine Entwicklungskarte), es aber nur drei Gebiergskarten gibt – ergibt ein Verhältnis von 3/4 = 0,75) (Tab. 19.2).

Da Entwicklungskarten weniger wichtig als Straßen sind, ist Holz trotz des gleichen Verhältnisses meist wichtiger bzw. knapper als Wolle.

Tab. 19.2 So oft werden Rohstoffe bei Siedler benötigt

Rohstoff	Wie oft benötigt	Rohstofffelder	Felder/benötigt
Erz	4 (3x Stadt und Karte)	3	0,75
Getreide	4 (2x Stadt, Siedlung und Karte)	4	1
Lehm	2 (Straße und Siedlung)	3	1,5
Holz	2 (Straße und Siedlung)	4	2
Wolle	2 (Siedlung und Karte)	4	2

19.3 Straßen effizient bauen

Bedenken Sie gleich zu Beginn, wie Sie mit möglichst wenigen Straßen halbwegs ertragreiche Siedlungen bauen können. Ideal ist es, mit nur drei sternförmig auseinandergehenden Straßen drei Siedlungen zu bauen. Denn das Lehm und Holz für zusätzliche Straßen fehlt Ihnen sonst für die eigentlichen Rohstoff- und Punktegaranten: Die Siedlungen.

19.4 Ein Gesamtkonzept verfolgen – und es ständig an die Spielsituation anpassen

Entwickeln Sie schon eine Strategie, bevor Sie Ihre erste Siedlung platzieren: Achten Sie insbesondere darauf, welche Stellen noch frei sein könnten, wenn Sie die zweite Siedlung platzieren dürfen. Und denken Sie schon mal weiter, wie Sie mit wenigen Straßen weitere gute Felder erschließen können. Das Gesamtkonzept kann gerade zu Beginn helfen – im Spielverlauf müssen Sie es aber nicht auf Teufel komm raus verfolgen, sondern Ihr Konzept vielmehr ständig an die Spielsituation anpassen.

19.5 Expandieren Sie zügig: Setzen Sie zu Beginn auf Siedlungen und Städte statt auf Entwicklungskarten, Straßen und Ritter

Warten Sie mit dem Kauf von Entwicklungskarten: Nur mit viel Glück erhalten Sie zu Beginn wertvolle Karten wie Straßenbau oder Monopol. Wenn Sie jedoch einen Siegpunkt ziehen, ist dieser totes Kapital: Ein Siegpunkt bringt nur einen Siegpunkt, während eine neue Siedlung oder Stadt auch für zusätzliche Rohstoffe sorgt. Gerade eine früh gebaute Stadt auf einem 6er oder 8er Feld ist viel Wert. Auch ein Ritter bindet wertvolle Rohstoffe: Er kostet drei Rohstoffe, Sie erhalten aber nur einen zurück, wenn Sie den Ritter aufdecken. Ebenso totes Kapital sind unnötig lange Straßen zu Beginn des Spiels. Die längste Handelsstraße interessiert erst später (siehe Tipp 19.10).

19.6 Stadtstrategie oder Siedlungsstrategie

Zusätzliche Siedlungen und Städte möglichst früh im Spiel sind also der Schlüssel zum Sieg. Sie sollten daher dafür sorgen, gute Zahlen für die benötigten Rohstoffe zu haben. Bei einer Stadt-

Strategie sollten Sie viel Getreide und Erz bekommen, bei einer Siedlungsstrategie Wolle, Holz, Lehm und Getreide (oder zumindest drei dieser vier Rohstoffe). Sie können die Strategien gegebenenfalls im Laufe des Spiels anpassen. Wenn Sie zunächst eine Siedlungsstrategie fahren, sollten Sie wenn möglich die neuen Siedlungen an Erz- oder Getreidefelder bauen oder sich einen passenden Hafen suchen, um rechtzeitig auf den Städtebau umschalten zu können.

19.7 Hafen nutzen

Ein Hafen (mehrere lohnen sich in der Regel nicht) bietet eine gute Möglichkeit, unabhängiger von Mitspielern zu werden. Zweiter Vorteil: Bei einem Hafen-Handel müssen Sie keinen Mitspieler mit einer für ihn benötigten Karte versorgen. Und wenn Sie doch noch mit Mitspielern handeln, verbessern Sie Ihre Verhandlungsposition (nach dem Motto: Wenn Du nicht mit mir tauscht, tausche ich halt am Hafen). Gut erreichbare Häfen sollten Sie bereits berücksichtigen, wenn Sie die ersten beiden Siedlungen platzieren. Es kann sich besonders lohnen, an einen Spezialhafen zum 2:1 Tausch mit einem voraussichtlich nicht sehr knappen Gut wie Wolle anzusiedeln, wenn Sie gleichzeitig an einigen vielversprechenden Weiden bauen.

19.8 Die Schwäche Ihrer Gegner ist Ihre Stärke

Beachten Sie die Strategien der Anderen: Vermasseln Sie Konkurrenten um den Sieg etwa die längste Handelsstraße, auch indem Sie Ihre Mitspieler dazu animieren, Ihnen zu helfen. Dasselbe gilt, wenn Ihr Konkurrent kurz vor dem Sieg steht und Sie ihm die größte Rittermacht abjagen können. Wenn Sie merken, dass Ihr Hauptkonkurrent einen besonderen Rohstoffengpass hat, machen Sie auch Ihre Mitspieler darauf aufmerksam und treiben so zumindest den Preis für das knappe Gut in die Höhe.

19.9 Nicht mit Wettrüsten aufreiben

Überlegen Sie gut, ob es sinnvoll ist, sich mit einem Mitspieler in einen Wettstreit um die längste Handelsstraße oder die größte Rittermacht einzulassen. Zu Beginn behindert dieses Wettrüsten sowohl Sie als auch Ihren Konkurrenten und die Unbeteiligten sind die lachenden Dritten.

19.10 Nutzen Sie das Überraschungsmoment!

Ein paar verbindende Straßen kurz vor Schluss, die Ihnen im letzten Moment die Handelsstraße sichern. Dazu decken Sie noch einen Siegpunkt auf: Das Überraschungsmoment bringt oft den Sieg. Dazu ist es wichtig, dass die anderen Spieler Sie nicht auf der Rechnung haben. Suchen Sie sich am besten eine unauffällige Farbe (z. B. Weiß). Oder weisen Sie einfach öfter in einem Nebensatz darauf hin, wie nahe Spieler X oder Spieler Y vor dem Sieg steht, damit diese Spieler im Fokus der Aufmerksamkeit behindert werden. So können Sie weiterhin mit anderen Spielern tauschen und Sie bekommen seltener Besuch vom Räuber.

19.11 Immer schön im Hintergrund bleiben

Zu jeder Zeit des Spiels ist es wichtig, nicht zu sehr in den Fokus zu geraten. Wer haushoch in Führung liegt, wird oft bestohlen, zugebaut oder zum unerwünschten Tauschpartner erklärt. Daher sollten Sie, wenn es gut läuft, die Aufmerksamkeit von sich ablenken (wenn es schlecht läuft, können Sie Ihre bemitleidenswerte Situation hingegen durchaus deutlich machen). Auch nach der Partie mit Blick auf die nächste: Erwähnen Sie ruhig, wie viel Glück Sie doch gehabt haben und wie knapp es war – und noch ein Tipp: Erwähnen Sie lieber nicht, dass Sie die Tipps hier aus dem Buch kennen und anwenden.

20
Risiko

Risiko wurde vom französischen Filmautor und Regisseur Albert Lamorisse erfunden. 1957 erhielt er für Risiko den Oskar der Spiele. Alleine von Hasbro gibt es mittlerweile acht verschiedene Spielregeln. Sie sollten sich also vor dem Spiel auf eine Regelvariante verständigen, etwa, ob die an einer Schlacht beteiligten Spieler beide gleichzeitig würfeln oder der Verteidiger erst nach dem Angreifer mit wahlweise einem oder beiden Würfeln verteidigt. Die hier genannten Wahrscheinlichkeiten gehen von gleichzeitigem Würfeln aus.

20.1 Alle Würfel benutzen – in Überzahl angreifen

Der Blick auf die Gewinnwahrscheinlichkeiten je nach Würfelanzahl zeigt zunächst zweierlei: 1) Sie sollten – insofern Angreifer und Verteidiger gleichzeitig würfeln müssen (in früheren Spielversionen) – immer die maximale Würfelanzahl nutzen (wenn Sie mit zwei Einheiten verteidigen können, tun Sie das). 2) Der Angreifer ist bei gleicher Würfelzahl deutlich benachteiligt (im Duell 2 vs. 2 etwa eliminiert der Angreifer nur in 22,8 % der Fälle beide Einheiten des Gegners. Die Chancen des Verteidigers auf einen sofortigen Sieg sind hingegen fast doppelt so hoch (44,8 %)). Damit es zu dieser Situation erst gar nicht kommt, sollten Sie wenn

Tab. 20.1   Wahrscheinlichkeiten pro Risiko-Würfelduell. (Quelle: Tiemann 2013)

Verhältnis Angreifer: Verteidiger	Angreifer gewinnt ohne Verluste (%)	Beide verlieren eine Einheit (%)	Verteidiger gewinnt ohne Verlust (%)
1:1	41,7		58,3
1:2	25,5		
1:3	17,4		
2:1	57,9		
3:1	66,0		
2:2	22,8	32,4	44,8
3:2	37,2	33,6	29,3
3:3	13,8		38,3

möglich mit deutlicher Überzahl angreifen und bei anhaltenden Würfelpech den Angriff vorzeitig abbrechen (Tab. 20.1).

20.2 Sichern Sie sich zunächst einen Kontinent

Suchen Sie sich einen Kontinent, auf dem Sie relativ gut vertreten sind, bei dem Sie auf keinen erbitterten Widerstand treffen (idealerweise besitzen viele Ihrer Mitspieler in dem Kontinent wenige Länder) und dessen Außengrenzen Sie nach Eroberung auch verteidigen können. Große Kontinente mit vielen Außengrenzen wie Asien (fünf Außengrenzen) scheiden damit zu Beginn in der Regel aus. Australien ist ein dankbarer Kontinent, den Sie mit einem Grenzland leicht verteidigen können. Nordamerika ist mit drei Außengrenzen schon etwas schwieriger zu verteidigen, aber dank fünf zusätzlicher Einheiten auch attraktiv. Die nachfolgende Tabelle zeigt das Verhältnis von zusätzlichen

Tab. 20.2 So attraktiv sind die Kontinente bei Risiko

Kontinent	Einheiten/Außengrenzen
Australien	2/1 = 2
Nordamerika	5/3 = 1,67
Asien	7/5 = 1,4[a]
Europa	5/4 = 1,25
Südamerika	2/2 = 1
Afrika	3/3 = 1

[a] Die Bilanz von Asien verbessert sich auf 7/4, wenn Sie das europäische Land Ukraine erobern, und damit nur noch vier Außengrenzen haben (Ukraine statt Ural und Afghanistan)

Einheiten pro Runde und Zahl der Außengrenzen der einzelnen Kontinente (Tab. 20.2).

20.3 Ganz oder gar nicht: Entschlossen im „Chicken Game" beim Kampf um einen Kontinent

Oft streiten sich zwei Spieler um einen Kontinent. Da kommt es auf ein schnelles, entschlossenes Auftreten an. Wenn Sie zuerst Ihre gesamten Einheiten in diesen Kontinent setzen und damit ein Übergewicht erzielen, meidet Ihr (hoffentlich rationaler) Kontrahent wahrscheinlich eine Auseinandersetzung und setzt seine Einheiten lieber in einem anderen Kontinent ein. Andersherum sollten Sie sich nach alternativen Eroberungszielen umsehen, wenn Sie merken, dass es ein Ihnen überlegener Gegner ernst mit seinen Eroberungsabsichten meint.

20.4 Danach eine Zeit lang genau ein Land pro Runde erobern

Haben Sie einen Kontinent erobert oder wie es neuerdings politisch korrekt heißt „befreit"? Dann holen Sie erst mal Luft, bleiben bescheiden, beweisen Geduld und sichern Ihre Außengrenzen. Beschränken Sie sich eine Zeit lang auf einen erfolgreichen Angriff pro Runde, um sich Ihre Karte zu sichern. Aber zetteln Sie nicht unnötig weitere Konflikte an. Jedes weitere eroberte bzw. befreite Land bedeutet zunächst einmal a) weitere eigene Verluste in Gefechten, b) mehr Angriffsfläche für den Gegner und c) eine höhere Wahrscheinlichkeit für Racheakte. Wieder gibt es zur Regel aber auch Ausnahmen: Wenn Sie zum Beispiel ohne viel Aufwand ein zusätzliches Land erobern können, welches Ihnen eine Einheit mehr pro Runde sichert, dann erobern Sie dieses Land ruhig (siehe zudem Tipp 20.6).

20.5 Versteifen Sie sich nicht auf Ihr Missionsziel

Manchmal ist es zielführender, erst einen anderen (leichteren) Kontinent zu erobern und erst mit zusätzlicher Verstärkung die laut Mission benötigten Kontinente ins Visier zu nehmen. Für Ihre Mitspieler wird Ihre Mission so schwerer ersichtlich.

20.6 Missionen einprägen

Es ist hilfreich, wenn Sie alle möglichen Missionen kennen. Dann können Sie Ihre Mitspieler im Auge behalten und rechtzeitig reagieren bzw. die anderen Mitspieler warnen, wenn ein Mitspieler einer Missionserfüllung nahe kommt. Wenn ein Spieler in höchste Lebensgefahr gerät, kann es sich aus zwei Gründen anbieten, ihn oder sie im Spiel zu lassen oder sogar zu beschützen: Vielleicht hat ein anderer Mitspieler die Mission, den Spieler auszuschalten oder Sie brauchen die Unterstützung des notleidenden Mitspielers, um andere Konkurrenten zu schwächen.

20.7 Gemeinsam rechtzeitige Nadelstiche setzen

Wenn ein Mitspieler zu stark wird (etwa weil er sich (s)einer Mission nähert oder einen großen Kontinent erobert), können Sie ihn durch gezielte Angriffe an der am schwächsten gesicherten Stelle um die Erträge für den Kontinent bringen. Gerade wenn ein Mitspieler einen großen Kontinent erobert, sollten Sie frühzeitig Nadelstiche setzen, bevor er mit den zusätzlichen Einheiten eine zu starke Verteidigung aufbauen kann. Aber übernehmen Sie nicht die alleinige Verantwortung, das kostet zu viel Kraft. Fordern Sie auch die anderen Mitspieler zum Angriff auf. Wechseln Sie sich ab. Schließlich haben Sie ein gemeinsames Interesse, niemanden davon ziehen zu lassen.

20.8 Außenposten zur Kartensicherung einrichten, mind. zwei Einheiten pro Land

Damit Sie die Möglichkeit haben, in jeder Runde zumindest ein Land leicht zu erobern, bietet sich ein Außenposten in einem nicht umkämpften Kontinent an (oft ist dies Asien). Vielleicht können Sie auch eine Kooperation mit einem Mitspieler eingehen, indem Sie sich ein Land für die Karteneroberung teilen und es jeweils nach Eroberung wieder auf minimale Verteidigung runterfahren. Damit Sie ansonsten in einem friedlichen Kontinent Ihre Länder halten können, sollten Sie sie jeweils mit mindestens zwei Einheiten bestücken. Entscheidend ist vor allem die relative Stärke. Wenn auf Ihren Ländern mehr Einheiten sind als auf den Nachbarländern, sind Sie ein weniger attraktives Angriffsziel.

20.9 Können Sie nur mit zwei Einheiten verteidigen: Planen Sie von langer Hand einen Feldzug

Wenn Sie wie nach den aktuellen Spielregeln üblich maximal mit zwei Würfeln verteidigen können, ist gerade im späteren Verlauf einer Partie aufgrund der steigenden Truppenzahl die Statistik der 3 vs. 2-Duelle entscheidend: Hier verliert der Angreifer im Durchschnitt 0,92 Einheiten pro Angriff, während der Verteidiger mit Verlusten von 1,08 Einheiten rechnen muss. Der Angreifer ist damit bei 3 vs. 2-Duellen statistisch gesehen leicht im Vorteil (*mit dem online-Würfelsimulator auf http://tom.hirschvogel. org/risiko/ können Sie genau die Wahrscheinlichkeit berechnen, mit einer bestimmten Truppenstärke von x Einheiten ein Land, auf dem y Einheiten positioniert sind, zu erobern*). Wenn Sie lange genug Truppen gesammelt haben, können Sie diesen statistischen Vorteil nutzen und zu einem Feldzug ansetzen, der zumindest einen Ihrer Gegner (am besten Ihren Hauptgegner) empfindlich trifft. Einen guten Anlass bietet oft ein überraschend eingelöstes Gebietskartenset.

20.10 Grenzen sichern

Vergessen Sie nicht, nach jeder Befreiungsaktion Ihre Außengrenzen wieder soweit wie möglich zu sichern und Ihre Truppen zu verteilen.

21

Monopoly

Als Erfinderin von Monopoly gilt die Stenotypistin und Quäkerin Elizabeth J. Magie. Sie war eine Anhängerin der sozialreformerischen Ideen von Henry George und wollte mit dem Spiel „The Landlord Game" (Patent von 1904) zeigen, dass arbeitslose Einkünfte des Grundbesitzers auf der einen Seite Armut und Verelendung auf der anderen Seite schaffen. Dazu schuf sie neben einer dem heute bekannten Monopoly ähnlichen Version eine zweite, aus ihrer Sicht vorzugswürdige „solidarische" Spielvariante, bei der die Erträge für ungenutztes Grundeigentum an die Gesellschaft weitergegeben bzw. wegbesteuert wurden. Das Monopoly-Spiel zeigt eine besondere Form einer geschlossenen Wirtschaft, bei der der grundlegende Marktmechanismus von Angebot und Nachfrage weitgehend ausgeschaltet ist. Es gibt nur ein Gut: Immobilien. Die Preise sind fix vorgegeben. Über die Höhe der Mieten entscheidet der Würfel. Neben der Anfangsausstattung wird immer neues Geld über die Bank ins Monopoly-System gepumpt. Die Monopoly-Welt ist damit keine freie Marktwirtschaft, sondern eher eine monopolistische Planwirtschaft mit sehr expansiver Geldpolitik. In Deutschland kam das Spiel 1936 mit einem Spielplan von Berlin auf den Markt. Es geht die Sage um, dass Spiel sei wegen seinem „jüdisch-spekulativen Charakters" von Goebbels daraufhin verboten worden. Andere vermuten, Goebbels habe das Spiel wegen der teuersten Straße „Insel Schwanenwerder" verboten, in die damals zahlreiche Nazi-Funktionäre zogen. Wahrscheinlicher ist, dass die Ereignisse und Folgen des 2. Weltkriegs einfach keine Neuauflage mehr ermöglichten (vgl. Glonnegger 1988, S. 115). Mittlerweile gibt es zahlreiche Variationen von

Monopoly: Monopoly Star Wars, Monopoly Imperium (mit Firmen wie Samsung oder ebay), als Kartenspiel, als Banking-Variante mit Kreditkarten, als Junior-Version und mit zahlreichen Städtevarianten sowie ein „Anti-Monopoly", bei dem kleinere marktwirtschaftliche Elemente erlaubt werden. Hasbro plant zudem eine individualisierte Version „My Monopoly", bei dem Käufer selbst Bilder auf Etiketten für das Spielfeld drucken können. Die Tipps hier beziehen sich auf die Original-Version.

21.1 Ziele verfolgen: Zu Spielbeginn Liquidität sicherstellen und Bahnhöfe und Straßen kaufen. Im Endspiel in Immobilien investieren und Mitspieler in den Ruin treiben!

Ihr Ziel sollte eine ausgewogene Mischung mit ausreichender Liquidität, schnell sprudelnden Einnahmequellen und langfristig erschließbarem Ausbaupotenzial sein. Dazu brauchen Sie erstens eine günstige Straßenreihe, auf die Sie dank der preiswerten Häuser bereits früh bauen können (ideal sind Hellblau oder Orange), zweitens möglichst viele Bahnhöfe (oder als schlechtere Alternative die beiden Stadtwerke) sowie drittens eine teure Straßenreihe (hier bieten sich an rot, dunkelblau oder gelb an), die Sie im weiteren Spielverlauf ausbauen und Gegenspieler in den Ruin treiben können.

21.2 Zu Beginn: Kaufen, kaufen, kaufen! Nur bei den Grünen lieber zweimal nachdenken

In den ersten Spielrunden können Sie zunächst fast alles kaufen, was Ihnen unterkommt. Nur bei den Grünen sollten Sie prüfen: Haben Sie bereits einige Straßen ergattert: Sparen Sie sich lieber das Geld. Haben Sie nichts abbekommen: Evtl. ist eine „Grünen-Strategie" dann ein Ausweg. Da die grünen Straßen oft auch bei den anderen Spielern unbeliebt sind, können Sie sie ggf. günstig ersteigern und sich, wenn Sie sonst wenig Ausgaben haben, auch die kostspielige Bebauung leisten.

21.3 Mietsprung beim dritten Haus nutzen

Die ersten zwei Häuser bringen noch sehr geringe zusätzliche Mieteinnahmen. Das dritte Haus macht dann aber einen richtigen Unterschied. Deshalb sollten Sie wenn möglich schnell drei Häuser bauen (besser als zwei Straßenzüge mit ein bis zwei Häusern zu bestücken). Wenn Sie das Glück haben, auf verschiedenen Straßenzügen bauen zu können, fangen Sie bei den renditestärksten Straßen an (siehe die nachfolgende Rendite-Tab. 21.1). Mathematiker haben genau ausgerechnet, wie wahrscheinlich es ist, auf jedes Monopoly Feld zu kommen (*siehe Bewersdorff (2012, S. 78/79) und für das US-Spiel Brady (1974). Bewersdorff (2012, S. 76) zufolge ist die Wahrscheinlichkeit auf dem Opernplatz zu landen am höchsten (Aufenthaltswahrscheinlichkeit von knapp 3 %). Danach folgen die Wiener Straße, die Berliner Straße und der Nordbahnhof. Am seltensten landen Besucher auf der Parkstraße und der Turmstraße*). Darauf aufbauend haben sie die Rendite aus-

Tab. 21.1 Rendite der Straßenzüge bei Monopoly. (Quelle: Bewersdorff 2012, S. 79; Lesebeispiel: Pro Zug erhalten Sie für ein Haus auf den Orangenen Straßen 6,2 % des Hauspreises zurück – damit sind sie die renditestärksten Immobilien)

Anlage	Häuser	Rendite (% pro Zug)
Orange	1.–5.	6,2
Hellblau	1.–5.	5,8
Dunkelblau	1.–3.	5,2
Gelb	1.–3.	5,1
Rot	1.–3.	4,9
Violett	1.–5.	4,5
Grün	1.–3.	4,2
Rot	4.–5.	3,8
Lila	1.–5.	3,6
Gelb	4.–5.	3,5
Dunkelblau	4.–5.	3,4
Grün	4.–5.	2,7

gerechnet, die mit einem zusätzlichen Haus pro Zug eines Mitspielers gemacht wird.

21.4 Straßenzüge blockieren

Es ist gut, gerade von den begehrten Straßenzügen (hellblau, orange, rot, gelb) mindestens jeweils eine Straße zu haben. So können Sie verhindern, dass Ihre Gegner dort bauen können.

21.5 Tauschen Sie!

Gerade in größeren Runden haben Sie nur selten das Glück, alle drei Straßen direkt kaufen zu können. Sie müssen daher tauschen. Achten Sie dabei auf die unter Tipp 21.1 beschriebene Gesamtstrategie. Vor allem sollten Sie immer flüssig bleiben, um schnell (im Idealfall je Straße drei) Häuser bauen zu können und Bahnhofs-, Haus- und Hotelbesuche bezahlen zu können. Wenn ein Mitspieler gute Straßenzüge hat, sollten Sie sich beim Handeln einen möglichst großen Teil seiner Bargeldreserven sichern, damit er weniger in Häuser investieren kann.

21.6 Eine Straße ist fast so wenig Wert wie zwei Straßen

Haben Sie eine Straße, die einem Mitspieler noch zum kompletten Straßenzug fehlt? Dann sollten Sie sich diese Straße teuer bezahlen lassen. Machen Sie deutlich, dass eine Straße fast genau so wertvoll bzw. wertlos ist wie zwei Straßen von einer Farbe, solange der Straßenzug noch nicht komplett ist.

21.7 Brauchen Sie Geld: Hypothek geht vor Abriss

Wenn Sie dringend Geld brauchen, nehmen Sie lieber zunächst eine Hypothek auf eine unbebaute Straße auf, als Häuser abzureißen. Die Häuser brauchen Sie, um wieder flüssig zu werden.

21.8 In der zweiten Spielphase im Gefängnis pausieren

Zu Beginn des Spiels, wenn die Straßen verteilt werden, sollten Sie sich lieber schnell aus dem Gefängnis frei kaufen. Sobald aber Häuser oder gar Hotels gebaut werden, ist es im Gefängnis eigentlich recht gemütlich bzw. kostengünstig. Nutzen Sie die Verschnaufpause ruhig aus.

21.9 Wohnungsnot verursachen

Wenn die Zahl der Häuser knapp wird, kann es ratsam sein, wenn Sie statt Hotels vier Häuser bauen. So können Sie den Häuservorrat für Ihre Mitspieler begrenzen.

21.10 Geordnete Insolvenz: Spieler bewusst am Leben halten

Wenn Sie am meisten Häuser und Hotels besitzen, kann es vorteilhaft sein, einen existenzbedrohten Mitspieler am Leben zu halten, etwa indem Sie ihm nach und nach seine Straßen etwas über den Marktpreis abkaufen. Und das nicht nur, weil Sie dann nicht als unbarmherziger Raffke dastehen und länger alle zusammen spielen können. So verhindern Sie zudem, dass die Straßen zurück zur Bank und damit in den auch für alle anderen offenen Wiederverkauf gehen. Zudem partizipieren Sie länger von den Loseinnahmen der bedrohten Existenz.

22

Carcassonne

Carcassonne heißt eine Kleinstadt in Südfrankreich, die wegen ihrer Festungslandschaft zum Namensgeber dieses Legespiels wurde. Das Spiel aus dem Hause Hans im Glück wurde 2001 zum Spiel des Jahres gekürt. Mittlerweile gibt es zahlreiche Erweiterungen (8 offizielle, umfangreiche und 24 Mini-Erweiterungen), von denen hier Wirtshäuser und Kathedralen, Händler und Baumeister sowie Abtei und Bürgermeister berücksichtigt wurden.

22.1 Maximieren Sie in jedem Zug Ihre Punktzahl!

Ihr Ziel ist nicht, möglichst lange Straßen oder große Städte zu bauen. Ihr Ziel ist es, aus jedem Zug das Maximale rauszuholen. Als grobe Faustregel gilt: mindestens vier Punkte pro Karte bzw. Zug sollten es schon sein. Umso mehr Punkte darüber hinaus möglich sind, umso besser.

22.2 Multifunktionskarten: Bis zu fünf Fliegen mit einer Klappe

Oft holen Sie das maximale aus einer Karte heraus, wenn Sie mit ihr gleich mehrere Dinge gleichzeitig erreichen: Etwa eine Stadt schließen, das Kloster umbauen, Gegnern das Leben erschweren, eine Straße besetzen und den Ertrag der eigenen Wiese erhöhen. Auch wenn eine Karte bereits eine Funktion erfüllt: Prüfen Sie immer, ob Sie noch mehr rausholen können!

22.3 Schnelle Punkte sichern oder als Trittbrettfahrer an anderen Großprojekten teilhaben

Um Gefolgsleute zu sparen und konstant Punkte zu sichern, können Sie Ausschau nach Städten oder Straßen halten, die Sie sofort schließen können. Haben Sie noch genügend Gefolgsmänner und die richtige Karte, ist es aber meist noch lohnenswerter, sich an andere Städte (ggf. auch Straßen oder Wiesen) anzuschließen. Seien Sie dabei, wenn es viele Punkte zu verteilen gibt! Gehen Sie beim Andocken gezielt und entschlossen, je nach Situation auch kooperativ vor (wenn Sie zum Beispiel „auf Augenhöhe" an eine Stadt andocken, in der ein gegnerischer Baumeister bereits an der Arbeit ist, können Sie von dessen Arbeit ggf. weiter profitieren. Bei einer feindlichen Übernahme mit einem großen Gefolgsmann stellt der Baumeister hingegen seine Arbeit ein und Ihre Gegnerin wird versuchen, erneut zu kontern).

22.4 Wie entwickeln sich Ihre Mitspieler?

Wenn Sie absehen können, wer Ihre größte Konkurrentin ist, können Sie dieser bewusst zum Beispiel das Schließen einer großen Stadt erschweren (etwa indem Sie eine Karte mit Straßenanschluss an ein angrenzendes Feld legen).

22.5 Waren sichern!

Oft lohnt es sich, auch fremde Städte zu schließen, wenn dies mit attraktiven Waren belohnt wird. Da es in der hier berücksichtigten Spielversion 9x Wein, 6x Korn und nur 5x Tuch gibt, ist ein Tuch die wertvollste Ware. Meist reichen bereits zwei Tücher, um sich zehn Punkte in der Schlussabrechnung zu sichern.

22.6 Wiesen erst gegen Ende des Spiels verstärkt belegen

Zu Beginn auf Wiesen gelegte Bauern bekommen Sie in der Regel nicht zurück (Ausnahme beim Spiel mit Gutshöfen) – gehen Sie also mit Bedacht vor. Am Ende sind Wiesen aber meist die ergiebigste Punktequelle.

22.7 Verschaffen Sie sich einen Überblick über die noch ausstehenden Karten

Dann können Sie besser abschätzen ob es sich lohnt, auf den Anschluss an eine Wiese zu hoffen, noch an einer Kathedrale zu bauen oder ob es besser ist, eine große Stadt mit Hilfe der Abtei zu schließen.

22.8 Baumeister an die Arbeit! Gerne auch beim Straßenbau

Oft ist aus einfachen Straßenkarten nicht viel rauszuholen. Um dann zumindest nochmals ziehen zu können, ist ein Baumeister auf einer Straße, die ins Blaue führt (also flexible Anlegemöglichkeiten bietet), hilfreich. Und wenn Sie noch ein Wirtshaus an die Straße bauen, kann sich der Straßenbau selbst auch richtig lohnen. Natürlich ist der Baumeister auch beim Städtebau sehr wertvoll oder sogar unersetzlich (etwa um eine Kathedrale zu schließen). Umso mehr sollten Sie es vermeiden, den Baumeister in schwierige Stadtprojekte zu schicken (zugebaute Städte, die durch seltene Karten abgeschlossen werden müssen). Denn dort droht ihm ein unproduktives Baumeisterleben.

22.9 Gegen Ende alle verbliebenen Gefolgsleute einsetzen – niemanden verschwenden

Gerade gegen Ende des Spiels können Sie hemmungslos Ihre verbliebenen Gefolgsmänner überall dort einsetzen, wo noch die meisten Punkte zu holen sind. Oft sind dies Wiesen. Bringen Sie nochmal alle aufs Feld, die große Ernte steht bevor.

23

Zug um Zug

Zug um Zug ist das Spiel des Jahres 2004. Neben der Original-Version Nordamerika gibt es mittlerweile eine Europa- und auch eine Deutschland-Version des Spiels. In der Europa-Version kam es zu einigen Erweiterungen durch Tunnel, Fährstrecken und Bahnhöfen. Die nachfolgenden Faustregeln gehen sowohl auf die Nordamerika -als auch die Europa Versionen ein.

23.1 Eine lange Zielroute und alles was halbwegs auf dem Weg liegt mitnehmen

Die Routen auf den Zielkarten haben im US-Original-Spiel im Schnitt eine Länge von 11,6 Waggons. Dabei verlaufen die meisten der kürzeren Routen in Nord-Süd Richtung, während die langen Routen auf der Ost-West Achse liegen. Meist bietet es sich an, eine Zielkarte mit einer langen Route (ca. 20 Punkte) auszuwählen, und dann all die Zielkarten zusätzlich zu behalten, die zumindest in Teilen auf der langen Route liegen. Zusammen sollten die auf der Hand behaltenen Zielkarten etwa in jedem Fall machbare 30 Punkte bringen.

23.2 Zielkarten nachziehen: Wenn wenig oder viel läuft

Wenn Ihre Zielkarten zu Spielbeginn weniger als 30 Punkte bringen, sollten Sie gleich weitere Zielkarten nachziehen. In der zweiten Spielhälfte ist Zielkarten-Nachziehen zu empfehlen, wenn Sie noch genügend Waggons übrig haben, kein Gegner das Spiel gleich beendet und Ihre bisherigen Zugrouten zentral verlaufen. Zwar können neue Zielkarten gegen Ende des Spiels der letzte Strohhalm sein, um eine drohende Niederlage noch abzuwenden. Doch gerade in der Original-Version gehört schon Glück dazu, kurz vor Schluss noch machbare Routen zu ziehen. Durch die Bahnhöfe in der Europa Version können Sie mehr Risiko beim Nachziehen eingehen.

23.3 Engpässe überbrücken und Routen der Gegner blockieren

Anhand der bereits gelegten Routen und der ausgewählten Wagenkarten bekommen Sie eine gute Ahnung davon, welche Strecken Ihre Mitspieler befahren wollen. Das hilft Ihnen, um die voraussichtlichen Engpässe zu identifizieren und gezielt Strecken Ihrer Mitspieler blockieren zu können. Um zu sehen, ob ein Engpass zum sofortigen Handeln drängt, überlegen Sie sich, welche Ausweichwege es geben könnte (etwa welche mit langen Teilstrecken – das bringt zusätzliche Punkte). Sind keine annehmbaren Umleitungen in Sicht, sollten Sie den Engpass besonders schnell besetzen.

23.4 In der ersten Spielhälfte: Wagenkarten horten

Ansonsten gilt aber in der ersten Spielhälfte: In Ruhe für lange Teilstrecken sammeln. Zu Beginn müsste auch meistens etwas bei den fünf offenen Wagenkarten für Sie dabei sein. Vermeiden Sie zu Beginn des Spiels Lokomotiven einzeln zu ziehen. Auch wenn nur eine brauchbare Wagenkarte bei den fünf Offenen liegt: Nehmen Sie sich lieber zunächst diese und ziehen die zweite Karte vom Stapel. Sobald Sie genügend Strecken auf Vorrat gesammelt haben, können Sie beginnen, diese schrittweise zu legen, wenn entweder a) nichts Passendes bei den offenen Wagenkarten wartet und/oder b) Sie befürchten, dass eine Mitspielerin einen Engpass auch besetzen will (etwa weil sie die gleiche Farbe sammelt).

23.5 Effizient bauen!

Überlegen Sie genau, wie Sie Teilstrecken möglichst effizient, also mit wenigen Waggons, verbinden können. Solche effizienten Abkürzungen und Synergieeffekte schonen Waggons für neue Ziele oder lange Teilstrecken.

23.6 Ziele erreicht: Dann längste Strecke legen, Punkte sammeln, blockieren, Schluss machen!

Sobald Sie alle Zielrouten erfüllt haben, sollten Sie vier weitere Ziele verfolgen (nach Möglichkeit gleichzeitig): 1) Ihre Strecke zur Längsten weiterentwickeln. 2) Dabei möglichst lange Teilstrecken bauen. 3) Strecken Ihrer Hauptkonkurrenten blockieren. 4) Ihre Waggons schnell aufbrauchen: Je schneller Sie das Spiel beenden, umso eher haben Ihre Mitspieler einige Ihrer Ziele nicht erreicht.

23.7 In der Europa-Version: Bahnhöfe nutzen, für Verlängerungen beim Tunnelbau vorsorgen, weniger blockieren und mehr vom Stapel ziehen

In der Europaversion gibt es einige Neuerungen, die Einfluss auf die optimale Strategie haben. Durch die Bahnhöfe können Sie mehr Risiko bei der Aufnahme von neuen Zielkarten eingehen, da Sie ja Strecken Ihrer Mitspieler mitnutzen können (für die Bahnhöfe können Sie am Ende des Spiels die „übrigen" Farbenkarten nutzen). Gleichzeitig lohnt es sich durch die Bahnhofsoption weniger, Mitspieler gezielt zu blockieren. Beim Tunnelbau sollten Sie wenn möglich einen Puffer von zwei zusätzlichen Farbkarten aufbauen, da Sie sonst entweder eine Runde verlieren oder Lokomotiven einsetzen müssen. Diese Lokomotiven brauchen Sie aber jetzt häufig für Fährstrecken. Um diese Lokomotiven zu erhalten, bietet es sich noch eher als in der Original-Version an, zu Beginn viele Karten vom Stapel zu ziehen.

24

Die Tore der Welt

Das Spiel, das die Thematik des gleichnamigen Romans von Ken Follett aufgreift, erhielt 2010 den Sonderpreis „Spiel des Jahres plus".

24.1 Mit jeder Aktionskarte zwei Siegpunkte sichern!

Dies ist die Grundregel: Machen Sie nach Möglichkeit mit jeder Aktionskarte einen Zug, der mittelbar zumindest zwei Siegpunkte wert ist.

24.2 Pflichtabgaben erfüllen

Da die Bestrafung bei nicht erfüllten Pflichtabgaben schwerer wiegt als zwei (verlorene) Siegpunkte, sollten Sie zunächst in jeder Runde die nötigen Pflichtabgaben sammeln (zwei Getreide, zwei Frömmigkeit, fünf Geld).

24.3 Bauvorhaben, Tuchherstellung, Spenden, Hausbau, Medizin: Chancen und Risiken

Über die Pflichtabgaben hinaus können Sie sich nun auf bestimmte Aktionen konzentrieren. Vorneweg: Gerade was das Bauen angeht, müssen Sie sich entscheiden. Ein bisschen in den Hausbau investieren und ein bisschen in große Bauvorhaben ist keine gute Idee. Denn Sie können maximal nur sechs Aktionskarten pro Runde einsetzen. Zudem erreichen Sie nicht den 2-Punkte Schnitt, wenn Sie sich einer Aktivität nur halbherzig widmen.

Beteiligungen an *Bauvorhaben* sind ein recht sicheres Mittel, den 2-Siegpunkte-Schnitt zu erreichen. Dazu dürfen Sie aber nicht zu ungeduldig werden und bereits in einer der ersten Runden nur einen Baustein setzen (denn dann würden Sie für zwei Aktionen (Baustein und Bauvorhaben) nur drei Siegpunkte bekommen). Sammeln Sie lieber und setzen dann zwei Bauelemente auf einmal, wenn die Chance da ist (sechs Siegpunkte für drei Aktionen (2x Baustein und 1x Bauvorhaben)).

Hausbau ist eine sehr riskante Angelegenheit. Zunächst müssen Sie etwa neun Siegpunkte investieren (zum Bau von zwei Häusern brauchen Sie zwei Rohstoffe (entsprechen Wert von vier Siegpunkten), zwei Geld (= ein Siegpunkt) und zwei Aktionskarten (= vier Siegpunkte)). Wenn es nun ideal läuft (keine Einschränkungen durch Ereigniskarten dazwischen kommen, Privileg in jeder Runde für Hauspacht und nicht für die Pflichtabgaben angewendet wird und die Pacht tatsächlich vorhanden und gebraucht wird), könnten mit sieben Aktionskarten (4x Hauspacht und 3x Privileg, das Privileg in der ersten Runde wird für den Hausbau benötigt) bis zu 28 Siegpunkte oder vergleichbar wertvolle Rohstoffe erwirtschaftet werden. Damit liegen Sie theoretisch sechs Punkte über dem 2-Punkte-Schnitt (28– (7 Aktionskarten = 14) – (Anfangsinvestition = 8)). Da Sie aber insbesondere in der ersten Runde Probleme bekommen werden, Ihre Pflichtabgaben zu erfüllen und Sie bei einmal gewählten Häusern recht unflexibel werden, ist insgesamt vom Hausbau abzuraten. Wenn Sie sich doch dazu entscheiden, ist eine Mischung von einem Haus auf dem 2-Siegpunkte Feld und ein Haus auf einem Pflichtabgabefeld ratsam (2-Geld, Getreide oder Frömmigkeit, siehe Tipp 24.6).

Tuchherstellung ist in der Regel nicht notwendig. Sie sollten versuchen, Ihren Geldvorrat über die Ereigniskarten und Medizin (ein Siegpunkt plus ein Geld) auf fünf zu steigern. Nur wenn Ihnen dringend Geld fehlt, sollten Sie Ihren gesamten Wolle-Vorrat verkaufen. Wenn Sie ein Tuch herstellen möchten, reicht ein Tuch. Denn damit sich die Aktionskarte lohnt sollten Sie erst gegen Ende des Spiels einmal Ihren gesamten Tuch- und Wollvorrat verkaufen.

Spenden bringen je nach Bauwerk unterschiedliche Erträge. Da Sie neben einer Aktionskarte aber zusätzlich noch Geld investieren müssen, ist eine Spende nur zu überdenken, wenn Sie noch Aktionskarten übrig haben.

Medizin ist wie beschrieben eine solide, risikoarme Aktionskarte, um gerade bei Geldnot neben einem Siegpunkt ein weiteres Geldstück zu bekommen. Wenn Sie genügend Geld haben, liegt der Wert der Medizin-Karte mit einem Siegpunkt und einer Geldmünze allerdings knapp unter dem 2-Punkte Schnitt. Sie sollten sich daher nach attraktiveren Optionen umschauen. Noch lohnenswerter ist es gegen Ende des Spiels, Pesthäuser zu heilen, wenn sich die Möglichkeit dazu bietet.

24.4 Gunststein immer mitbedenken!

Wenn Sie die Ereigniskarte legen, denken Sie immer zuerst an den Gunststein. Wenn Sie etwa über den Gunststein an eine zusätzliche Frömmigkeit oder an Getreide kommen, lohnt es sich so gut wie immer, diese zusätzlich zu den eigentlichen Erträgen einzustreichen.

24.5 Medizinisches Wissen und Loyalität: Weniger ist mehr

Medizinisches Wissen und Loyalität sind in begrenztem Maße hilfreich. Jeweils ein bis zwei können oft zu Vorteilen und zusätzlichen Optionen führen. Da sie in der Endabrechnung aber keine Punkte bringen, sollten Sie sich nicht bewusst um mehr medizinisches Wissen und Loyalität bemühen, sondern die Karten lediglich, wenn es sich etwa über den Gunststein ergibt, mitnehmen. Denn letztlich ist ihr Wert geringer als zwei Siegpunkte einzuschätzen.

24.6 Knappes Getreide beachten

Spielen Sie zu viert, wird der Getreidevorrat recht schnell knapp (es gibt nur 10x Getreide, zum Vergleich: es gibt 12x Frömmigkeit). Eine (im Spiel durchaus legitime) Strategie ist, in den ersten Runden zusätzliches Getreide zu bunkern. Hat ein Spieler fünf Getreide, kann rein rechnerisch mindestens ein Mitspieler seine Pflichtabgabe nicht erfüllen. Sichern Sie sich also schnell Getreide, wenn Sie merken, dass ein Mitspieler diese Strategie verfolgt (etwa wenn er ein Haus auf Getreide setzt). Wenn Sie selbst diese Strategie verfolgen, sollten Sie dies nur bis etwa zur Mitte des Spiels tun und danach von Ihren Vorräten leben, um am Ende kein dann wertloses Getreide zu verschenken.

25

Dominion

Das Spiel wurde zum Spiel des Jahres 2009 gekürt. Seitdem sind zahlreiche Erweiterungen erschienen. Wenn Sie alle Sets kombinieren würden, stünden Ihnen 150 Königreichkarten zur Verfügung. Diese Tipps beziehen sich auf die Basisversion und beruhen weitgehend auf den ausführlichen Tipps von Kathrin und Peter Nos, die Sie auf der Internetseite: http://das-spielen. de/finden. Hier können Sie auch Feedback zu den Tipps geben.

25.1 Bereits vor dem Spiel: Einfluss auf die Kartenauswahl nehmen

Wenn Sie über die Wahl der Aktionskarten diskutieren: Plädieren Sie für Karten, die in Ihre Strategie passen. Aber auch gegen weniger nützliche Aktionskarten brauchen Sie sich nicht zu wehren. Sie müssen sie ja nicht kaufen – und am Ende verstopfen sie nur die Decks Ihrer Gegner (*bei der Auswahl der Aktionskarten können Sie zudem auf die Hilfe einer App zurückgreifen (zum Beispiel Dominion Shuffle, Dominion Card Picker oder Dominion randomizer)*).

25.2 Zu Beginn: Maximal ein Viertel des Decks mit ausgewählten Aktionskarten füllen. Klasse statt Masse

Der Kartenstapel sollte während des Spiels zu etwa 20 % aus Aktionskarten bestehen. Zusätzliche Aktionskarten werden schnell zum Klotz am Bein. Je mehr Karten Sie haben, die weitere Aktionen erlauben, desto höher kann der Aktionskartenanteil sein (z. B. einen Markt oder Laboratorium). Zudem kommt es neben der Quantität natürlich auf die Qualität an: Kaufen Sie ausgewählte Aktionskarten, auch wenn Sie dafür mehr bezahlen müssen.

25.3 Im Mittelspiel: Silber und Gold kaufen, Kupfer vermeiden

Bis zur Mitte des Spiels sollte bis zu 80 % Ihres Kartenstapels aus Gold und Silber bestehen. Kupfer ist nur in seltenen Fällen sinnvoll. Die Kaufentscheidung im Mittelspiel ist daher recht einfach: Wenn es für Gold reicht, Gold kaufen, sonst Silber. Um Ihren Kartenstapel zu vergolden bzw. zu versilbern, können Sie zudem umtauschen (über eine Mine) oder Kupfer verschrotten.

25.4 Am Ende des Spiels: Provinzen, Provinzen, Provinzen und ... Provinzen

Am Ende gewinnt meist der Spieler mit den meisten Provinzen. Herzogtümer geben oft bei gleicher Zahl an Provinzen den Ausschlag. Auf Anwesen sollten Sie meist ganz verzichten (Ausnahme: überzählige Kaufmöglichkeiten im Endspiel oder Gartenstrategie). Zu Spielbeginn, wenn Sie sich noch keine Provinzen leisten können, sollten Sie also ganz auf den Siegpunktkauf verzichten und erst Ihren Kartenstapel vergolden. Aber auch die erste Möglichkeit zum Provinzkauf kommt in einem optimalen Spiel vielleicht zu früh. Bei der zweiten Möglichkeit sollten Sie aber spätestens zuschlagen und ab dann konsequent jede Möglichkeit zum Provinzkauf nutzen. Wenn Sie absehen können, dass das Spiel bald endet (etwa nach 20 Runden), können Sie sich auf Siegpunktkarten beschränken und wenn es für Provinzen nicht reicht, Herzogtümer erwerben.

Peter Nos hat berechnet, dass bei einer „nur Geld und Provinzen" Strategie (in der immer das teuerste mögliche Geld gekauft und Aktionskarten ignoriert werden) am meisten Provinzen gekauft werden können, wenn erst die zweite Möglichkeit zum Provinzkauf wahrgenommen wird (dann braucht es etwa 20 Runden, um fünf Provinzen zu kaufen). Berechnungen von Günter Rosenbaum zufolge kann es aber schon ratsam sein, bereits die erste Provinz zu kaufen. Zudem scheint nach Rosenbaums Berechnungen eine starke Strategie zu sein, die „nur Geld und Provinzen" Strategie um den Kauf genau einer Schmiede zu erweitern (vgl. westpark gamers).

25.5 Beeinflussen Sie das Spielgeschehen

Ideal ist es, wenn Sie das Spieltempo bestimmen und das Spiel bewusst beenden können, etwa indem Sie gezielt einen dritten Stapel leeren.

25.6 Garten-Strategien: Vollgas, Ignorieren oder Endspiel-Gärtner

Vollgas Sie kaufen jeden möglichen Garten und erwerben so viele Karten wie irgend möglich, um mindestens 40 Karten zu erreichen. Quantität geht in diesem Fall über Qualität. Hilfreich sind alle Aktionskarten mit Extrakaufoptionen, Werkstätten und Bürokraten. Auch Flüche zählen mit, deshalb bietet sich diese Strategie an, wenn Hexen mitspielen. Nur in kurzen Spielen mit Kapellen und wenig Angriffskarten wird diese Strategie nicht aufgehen. Wenn alle Gärten verkauft sind, stürzen Sie sich am besten auf Herzogtümer oder Anwesen und versuchen, das Spiel über drei leere Stapel zu beenden.

Ignorieren Sie ignorieren die Gärten und versuchen, das Spiel auf normalem Wege schnell zu beenden. Sobald ein Spieler massiv Gärten zu kaufen beginnt, sollten Sie aber selbst bei dieser Strategie ein paar Mal zugreifen.

Endspiel-Gärtner Wenn sich das Spiel etwas zu ziehen scheint: Kaufen Sie ab der zweiten Spielhälfte Gärten gleichberechtigt zu Provinzen und an Stelle von Herzogtümern.

25.7   Verflucht nochmal: Wie mit Flüchen umgehen?

* Sie kaufen auch **Hexen** und verteilen selber **Flüche**
* Sie düngen Ihre **Gärten** mit ihnen
* Sie entsorgen sie mit **Kapellen** (beste Variante!)
* Sie bauen sie in **Anwesen** oder **Keller** um
* Sie vermeiden sie mit **Burggräben**
* Sie verstecken sie in **Kellern**
* Sie **ignorieren** sie (mit Unterstützung durch **Kanzler** und **Abenteurer**)

25.8   Angriffskarten: Dosiert max. eine je Sorte, und bewusst verteidigen

Übertreiben Sie es nicht mit Angriffskarten. Mit Spion, Miliz und Hexe können Sie zwar Ihren Gegnern gehörig auf die Nerven gehen. Aber die Gefahr ist groß, dass Sie mit den Angriffskarten Ihre eigene Hand zustopfen. Deshalb nur dosiert Angriffskarten kaufen und auch Ihre Verteidigung (etwa mit Burggraben) nur dann aufrüsten, wenn Ihre Gegner sehr aggressiv sind. Ansonsten gilt: ruhig Blut, Angriffe über sich ergehen lassen, an der eigenen Strategie festhalten.

25.9 Die beste Einstiegskarte (2-Geld): Die Kapelle

Passen Sie auf, sich Ihre Hand nicht mit Burggräben und Kellern zu verstopfen. Nachdem Sie bereits genügend Silber und Gold haben, lohnen sich aber Kapellen, um sich der Startkarten (Kupfer und Anwesen) zu entledigen.

25.10 Die besten Mittelklassekarten (3- und 4-Geld): Silber, Kanzler und Umbauten

Die Aktionskarten in der mittleren Preiskategorie konkurrieren mit Silber. Wenn Sie noch Platz für Aktionskarten haben, bieten sich an: für drei Geld den Kanzler oder für vier Geld Umbauten. Nur in Sondersituationen zu empfehlen ist die Werkstatt (bei der Gartenstrategie), Minen (wenn es keinen Umbau gibt), Geldverleiher (wenn es keine Kapelle gibt) oder das Dorf (wenn Sie zu viele Aktionskarten haben).

25.11 Die besten Luxuskarten: Laboratorium, Ratsversammlung, Bibliothek und Markt – und natürlich Gold

In der teuren 5- bzw. 6-Geld Kategorie gibt es neben der eindeutigen Kaufempfehlung Gold einige interessante Aktionskarten, die allerdings zum restlichen Kartenstapel und zur Strategie passen müssen. Zu empfehlen sind „Wühlkarten" wie: Ratsversammlungen, Bibliotheken (besonders wirksam in Kombination mit Dörfer/Jahrmarkt) oder Laboratorien (in Kombination mit genügend Geld und weiteren Aktionskarten) sowie Märkte (helfen beim Kaufrausch). Nur bedingt zu empfehlen: Schmieden (in Kombination mit genügend Geld und Dörfer/Jahrmarkt), Thronsäle und Abenteurer (ein Abenteurer reicht).

26
Hotel

Hotel beruht auf dem ähnlichen Spielprinzip wie Monopoly. Der Glückskomponente kommt allerdings auch beim Hotelbau eine wesentliche Rolle zu und hat damit insgesamt noch mehr Gewicht. Dafür sind die Hotels sehr individuell und schön gestaltet.

26.1 Schnell Grundstücke kaufen und Hauptgebäude errichten, um das Wichtigste zu können: Eingänge bauen!

Selbst weniger lukrative Hotels wie das Fujiyama, Royal oder Safari erfüllen einen Zweck, wenn Sie mit ihnen den teureren Hotels Boomerang, President und L'Etoile Eingänge wegschnappen können. Sobald Sie ein Grundstück haben, sollten Sie bei der nächsten Möglichkeit einen Bauantrag für das Hauptgebäude stellen. Einmal bebaut, gehört das Hotel Ihnen und Sie können sich knappe Eingänge sichern und erste Einnahmen erzielen.

Tab. 26.1   Ertrag und Kosten der Hotels

Hotel	Anzahl Eingänge (sichere)	durch- schnittli- cher Ertrag	Kosten Vollausbau	Ertrag/ Kosten[a]	bei max. Eingän- gen[b]
Boome- rang	4 (0)	2100	2650	0,79	3,17
Royal	10 (0)	2100	15500	0,14	1,35
President	7 (0)	3850	20750	0,19	1,30
L'Etoile	9 (1)	2625	18150	0,14	1,30
Fujiyama	6 (2)	1400	6500	0,22	1,29
Waikiki	5 (0)	3500	17200	0,20	1,02
Safari	5 (3)	1750	9150	0,19	0,96
Taj Mahal	5 (1)	1050	6500	0,16	0,81

[a] Ertrag bei durchschnittlicher Würfelzahl 3,5 im vollausgebauten Zustand/ Kosten für Grundstück, Vollausbau und einem Eingang
[b] (Ertrag/Kosten) x max. Anzahl der Eingänge

26.2 Die beste Rendite: das Boomerang

Die beste Rendite im Vergleich der Ausbaukosten und der Mieterträge hat eindeutig das Boomerang. Wie die nachfolgende Tabelle zeigt, erhalten Sie bereits 79 % der gesamten Kosten für Grundstück, Ausbau und einem Eingang zurück, wenn ein Gegner für sechs Nächte das Boomerang besucht. Beim in dieser Hinsicht zweitrentabelsten Hotel, dem Fujiyama, sind es nur 22 %. Wird zusätzlich nach der Zahl der Eingänge gewichtet, bleibt das Boomerang klar das renditestärkste Hotel. Mit weitem Abstand folgt das Royal (Tab. 26.1).

Wie die Tabelle zeigt, hat fast jedes Hotel seine Stärken. Das Boomerang hat die beste Rendite. Royal und L'Etoile haben viele potentielle Eingänge, President und Waikiki den höchsten Ertrag, Fujiyama und Safari die meisten sicheren bzw. nicht verbaubaren Eingänge. Nur das Taj Mahal hat keine so richtig offensichtliche Stärke.

26.3 Mischung aus schnellen Erträgen und langfristigem Ausbaupotenzial

Von der Rendite her sollten Sie also das Boomerang wenn möglich gleich beim ersten Wurf kaufen. Wenn Sie allerdings zu viert spielen, und Sie als erster gleich das Boomerang kaufen, ist die Gefahr groß, dass Sie es gleich wieder abgenommen bekommen. Wer eher auf Nummer Sicher gehen will, kann auch das Fujiama kaufen.

Neben günstig auszubauenden Hotels wie dem Boomerang oder dem Fujiama sollten Sie sich mindestens ein weiteres großes, teures Hotel (President oder L'Etoile) zulegen, welches Sie im Laufe des Spiels immer weiter ausbauen können.

26.4 Eingänge klug platzieren

Ihre ersten Eingänge sollten Sie auf die Felder platzieren, auf die bereits die Konkurrenz lauert. Wenn zwei verschiedene Hotels als Konkurrenten in Frage kommen: Nehmen Sie den Eingang dem teureren Konkurrenzhotel weg. Und platzieren Sie die Eingänge so, dass Ihre Gegner möglichst früh einchecken können.

26.5 Achtung Pleitegeier: Beim Bau und beim Grundstückskauf nicht übernehmen

Beim Ausbau Ihrer Hotels sollten Sie meist schrittweise vorgehen. Bauen Sie Nebengebäude nur, wenn Sie zumindest das Doppelte des Baupreises vorrätig haben (Sie wissen ja nicht wie der Würfel fällt). Nur bei einem Hauptgebäude eines begehrten Hotels können Sie ausnahmsweise mehr Risiko eingehen, um sich das Hotel zu sichern und schnell mit dem Eingangsbau beginnen zu können. Damit Sie gar nicht erst in diese Situation kommen, sollten Sie schon vor dem Grundstückskauf bedenken, ob Sie überhaupt noch genügend Geld für das Hauptgebäude haben. Zudem Finger weg von Hotels, bei denen kaum noch Eingangsplätze zur Verfügung stehen.

27
Keltis

Keltis ist das Spiel des Jahres 2008. Die Faustregeln beziehen sich auf die Basisversion. Die Erweiterungen bieten zusätzliche taktische Möglichkeiten wie Verzweigungen zwischen den Wegen (Neue Wege) oder die Möglichkeit, eine Spielfigur wieder zurückzusetzen (Das Orakel).

27.1 Zwei Wunschsteine sichern!

Nur die Wunschsteine verschwinden vom Spielfeld, sobald ein Spieler sie erreicht. Bei den Wunschsteinen geht es also um die Wurst. Sie sollten versuchen, bei mindestens einem Pfad, auf dem Wunschsteine liegen, Erster zu sein – und sich nicht überholen lassen, bis Sie die Steine erreicht haben. Richten Sie gleich zu Beginn des Spiels Ihre Strategie darauf aus, zwei Wunschsteine zu bekommen (mehr Wunschsteine sind dann eine willkommene Zugabe, lohnen sich aber erst wieder richtig beim Sprung von vier auf fünf Wunschsteine).

27.2   Auf den 1-Punkte, den 6-Punkte und den 10-Punkte Stein kommt es an

Es gibt drei große Punktesprünge: Wenn Sie den Minusbereich verlassen (auf den 1-Punkte Stein), wenn Sie in den Zielbereich kommen (auf den 6-Punkte Stein) und wenn Sie den Endstein erreichen (10-Punkte Stein). Auf diese Steine sollten Sie Ihre Strategie ausrichten. Schwache Farben können Sie nur bis zum 1-Punkte Stein planen, insbesondere wenn Sie auf dem Weg dahin noch einen Wunschstein oder ein Kleeblatt mitnehmen können (siehe Tipp 27.3) Mittelstarke Farben können Sie bis zum 6-Punkte Stein planen (aber Schluss des Spiels beachten – siehe Tipp 27.6). Und die vermutlich stärkste Farbe sollten Sie mit der großen Figur bis zum 10-Punkte Stein einplanen (siehe Tipp 27.4).

27.3   Kleeblätter strategisch einsetzen

Sie sollten so viele Kleeblätter mitnehmen wie möglich (wählen Sie vor allem Reihen mit vielen gut erreichbaren Kleeblättern!). Diese zusätzlichen Züge sollten Sie nicht nur in der Reihe einsetzen, in der das Kleeblatt liegt, sondern immer in der Reihe, in der Ihnen der zusätzliche Zug am meisten bringt (oft bei der großen Figur, um auf den 6-Punkte Stein oder den 10-Punkte Stein zu kommen oder um weitere Kleeblätter oder Wunschsteine zu erreichen).

27.4   Den „Großen" auf die Zehn bringen

Die 20 Punkte für die große Figur auf dem Endfeld (2 × 10 Punkte) sind ein wichtiger Schritt zum Sieg. Wenn sich zu Beginn noch keine starke Farbe abzeichnet: Warten Sie lieber erst mal ab, bevor Sie den Großen auf eine Farbe setzen. Wenn Sie ihn dann ins Rennen schicken und es doch mit weiteren Karten bei der Farbe hapert: Machen Sie keine zu hastigen Sprünge und füttern Sie ihn lieber mit Kleeblättern aus anderen Reihen.

27.5   Auf die ausgelegten Karten der Mitspieler achten

Wenn Sie überlegen, ob es sich noch lohnt, eine neue Farbe zu beginnen oder davor zurückschrecken, einen größeren Zahlensprung (zum Beispiel nach einer 3 eine 8 zu legen) zu machen: Schauen Sie sich auch genau an, was Ihre Mitspieler bereits abgelegt haben. Wenn die zum Beispiel schon viele Karten zwischen dem Zahlensprung ausgelegt haben, spricht das dafür, den Sprung zu machen (da Sie nicht mehr viele Karten bei dieser Farbe erwarten können).

27.6   Nichts (für Ihre Gegner) brauchbares wegschmeißen

Bevor Sie Karten ablegen, prüfen Sie nochmal, ob Sie nicht doch noch eine Farbe aufmachen und zumindest bis zum 1-Punkte Feld spielen können. Und prüfen Sie genau, welche Karten den

Mitspielern nützen könnten. Diese sollten Sie wenn irgend möglich nicht ablegen.

27.7 Kurz vor Spielende: Nochmal alles rausholen!

Wenn das Spielende naht, sollten Sie immer stärker auf die Grenzpunkte achten – auf die mit dem jeweils nächsten Zug zu erzielenden Punkte. Also immer mal wieder nachzählen, wie viele Figuren schon den Zielbereich erreicht haben, und wie viele davor positioniert sind und gute Chancen zum Aufrücken haben (gute Chancen zum Aufrücken bestehen dann, wenn die Farbe noch nicht ausgereizt wurde, also noch Raum für höhere bzw. niedrigere Karten besteht). Und dann rechtzeitig auf Angriffsmodus umstellen (um die Punkte zu sichern, können Sie am Ende auch größere Zahlensprünge machen (z. B. von 5 auf 10)). „Parken" Sie ruhig eine Figur (aber nicht die große) vor dem Zielbereich, damit Sie es in der Hand haben, das Spiel zu beenden.

28

Scotland Yard

Scotland Yard wurde 1983 Spiel des Jahres, nachdem es von einem sechsköpfigen Projektteam in Ravensburg entwickelt wurde. Mittlerweile gibt es zahlreiche Varianten: Eine Europa Version mit zusätzlichen taktischen Elementen, eine New York Version, eine Schweizer Version (bei der Mister X unter anderem mit Skiern entkommen kann), eine Reisevariante und eine Master-Edition mit App-Unterstützung. Zudem wird das Spiel in Städten mit ausreichend großem öffentlichen Nahverkehr (u. a. in Dresden, Wien, Stuttgart, Berlin) auch in Echtzeit als Geländespiel gespielt, zum Teil mit GPS-Unterstützung. Unsere Faustregeln beziehen sich auf die Original-Version.

28.1 Für Mister X

1. **Außerhalb der Reichweite bleiben**
Bleiben Sie als Mister X soweit möglich außer Reichweite der Detektive – also immer zwei Züge voraus (unbedingt natürlich dann, wenn Sie sich offenbaren müssen). Sie sollten sich schon ziemlich sicher sein, dass ein Detektiv einen anderen Plan hat, um sich bewusst in seine Reichweite zu begeben.

2. **Im Rücken lauert weniger Gefahr**

   Wenn Sie alle Detektive in Ihrem Rücken haben und vorneweg neue Stadtviertel erkunden, kann Ihnen wenig passieren.
   Denn die Detektive können den gleichen Weg wie Sie auch
   nicht schneller absolvieren. Solange Ihnen also niemand den
   Weg abschneiden kann, ist alles gut.

3. **Auf die Zugmöglichkeiten der Detektive achten**

   Besonders gegen Ende des Spiels sollten Sie auf die Zugmöglichkeiten der Detektive achten, die durch die begrenzte Zahl
   an benutzbaren Verkehrsmitteln immer eingeschränkter werden. Möglicherweise sind Sie gar nicht mehr in der Reichweite
   eines Detektivs, selbst wenn dieser nur eine Station entfernt
   von Ihnen ist. Detektive nutzen als Verfolger oft das gleiche
   Verkehrsmittel wie Mister X. Wenn Sie also oft ein Verkehrsmittel nehmen, werden die Fahrkarten für dieses Verkehrsmittel bei den Detektiven schnell zum Engpass.

4. **An U-Bahn-Stationen auftauchen...**

   ...ist meist eine gute Idee. So können Sie als Mister X bereits
   im nächsten Zug eine große Strecke zurücklegen, was das von
   den Detektiven abzudeckende Gebiet entsprechend vergrö-
   ßert.

5. **Nach auftauchen an U-Bahn oder Fähranlegestellen: Black
   Ticket oder Doppelzug benutzen**

   Die Detektive sind Ihnen dicht auf den Fersen? Dann sollten
   Sie nach dem Auftauchen an einer U-Bahn das von den De-
   tektiven abzudeckende Gebiet zusätzlich vergrößern, indem
   Sie das Black Ticket oder den Doppelzug nutzen.

6. **Haben die Detektive keine Spur: Gemütlich mit dem Taxi
   reisen**

   Um die Detektive ansonsten auf keine Spur zu bringen, bietet
   sich für Mister X das unauffällige Taxi an. Mit ihm können Sie
   in Ruhe eine gute Position für das Auftauchen ansteuern.

28.2 Für Detektive

7. **Zu Spielbeginn: Einsatzbereitschaft herstellen**
   In den ersten Zügen bis zum ersten Auftauchen von Mister X sollten Sie sich zunächst eher Richtung Zentrum orientieren und U-Bahnhöfe bzw. Verkehrsknotenpunkte ansteuern. Von hier aus sind Sie flexibel und schnell einsatzbereit.

8. **Koordiniert Sperren errichten und Zugmöglichkeiten von Mister X einschränken**
   Hat sich Mister X gezeigt oder haben Sie einen Anhaltspunkt: Kreisen Sie Mister X gemeinsam ein, besetzen U-Bahn Stationen und Fährstationen und ziehen schnell zu möglichen Aufenthaltsorten. Haben Sie einen Verdacht, sollten Sie alle Kräfte gemeinsam auf dieses Ziel richten. Wenn Sie sich aufteilen, wird es schwer, ein dichtes, undurchdringliches Netz um Mister X zu spannen. Um die Suche zu erleichtern, können Sie die möglichen Aufenthaltspunkte des Mister X nach dem Auftauchen auch mit kleinen Plastikchips markieren.

9. **Achten Sie auf Reaktionen bzw. Mimik des Mister X**
   Wirkt Mister X entspannt? Welchem Teil des Spielbretts widmet Mister X die meiste Aufmerksamkeit? Die Antworten auf diese Fragen können Ihnen Hinweise auf den Standort von Mister X geben.

10. **Achtung: Mister X hört Polizeifunk mit**
    Auch wenn es im echten Leben eher anders herum ist: Hier hört der Gesuchte Scotland Yard ab. Also lieber nicht zu genau ausplaudern, was Sie in den über- und überübernächsten Zügen planen. Nach dem bewährten Prinzip „tarnen und täuschen" können Sie aber mit falschen Informationen Mister X in die Falle locken – oder wenn es schief geht, Ihre Detektivkollegen in die Irre führen.

11. **Am Ende: Die Route von Mister X noch mal überprüfen**
    Finden Sie am Ende einen Fehler in der Route von Mister X, haben die Detektive gewonnen.

29
Rummikub

Rummikub ähnelt dem Kartenspiel Rommé. Es wurde in den frühen 1930ern von dem Israeli Ephraim Hertzano erfunden. Hertzano und seine Familie stellten in den Anfangsjahren die Spielsteine in mühsamer Handarbeit im eigenen Garten her, um dann von Tür zu Tür zu ziehen, um die Spiele zu verkaufen. In den folgenden Jahrzehnten entwickelte sich das Spiel zu einem internationalen Hit und wurde 1980 Spiel des Jahres.

29.1 Denken Sie um eine Ecke mehr!

Rummikub ist zwar auch bei jungen Spielern sehr beliebt. Doch Sie brauchen große Konzentration und müssen vernetzt denken, um auch komplexe Kombinationen zu erkennen. Unterschätzen Sie Rummikub nicht, bewahren Sie einen kühlen Kopf und denken Sie immer um eine Ecke mehr als Ihre Mitspieler.

29.2 Züge der Mitspieler antizipieren

Es ist wichtig, das Spielverhalten der Mitspieler zu analysieren und mitzuzählen, wie viele Steine sie gelegt haben und wie viele sie gezogen haben. Nur so können Sie in etwa antizipieren, wann ein Mitspieler lautstark „Rummikub" schreien wird. Gerade wenn Sie einen Joker strategisch zurückhalten, ist es wichtig, sich nicht von einem Mitspieler überraschen zu lassen. Sonst schlägt der Joker mit satten 30 Minuspunkten zu Buche.

29.3 Steine ansammeln

Am Anfang ist es völlig in Ordnung, erst mal abzuwarten und Steine anzuhäufen. Sie brauchen nicht auf Teufel komm raus jede denkbare Möglichkeit nutzen, einen Stein auf dem Spielfeld unterzubringen. Mit vielen zurückgehaltenen Steinen können Sie mehr Kombinationen nutzen und sich einen strategischen Vorteil erspielen.

29.4 Joker strategisch spielen

In der Regel sollten Sie einen Joker nur in Kombinationen spielen, in denen er nur durch einen einzigen Stein ersetzt werden kann. Wenn Sie zum Beispiel die schwarze 11 und 13 haben, dann ersetzt der Joker passgenau eine schwarze 12. Nur Mitspieler mit genau dieser schwarzen 12 können den Joker einfach bzw. direkt austauschen (zudem sind komplexere Manöver mit zusätzlichen 11ern und 13ern möglich). Wenn Sie den Joker hingegen zusammen mit einer 11 und 12 legen, dann können Mitspieler sowohl die 10 als auch die 13 derselben Farbe direkt mit dem Joker austauschen. Das gleiche gilt für sämtliche Dreierkombinationen einer Zahl. Ein Joker zusammen mit zwei 5ern kann etwa durch jeweils eine der beiden übrigen 5er ausgetauscht werden. Zudem sollten Sie den Joker solange aufbewahren, bis Sie und/oder Ihre Mitspieler nur noch wenige Steine haben (siehe Tipp 29.3).

29.5 Nicht immer jeden möglichen Stein spielen – Nachziehen umgehen

Wenn Sie mehrere Ausspielmöglichkeiten haben, können Sie besonders gegen Spielende Ausspielmöglichkeiten für die nächsten Züge aufsparen. So müssen Sie nicht unnötig nachziehen.

29.6 Hohe Punkte zuerst auf den Tisch

Steine mit hohem Wert sollten Sie möglichst früh spielen, damit – wenn ein Mitspieler doch vor Ihnen fertig werden sollte – Sie Ihren Schaden klein halten.

Teil IV

Kartenspiele

30

Bridge

Bridge ist ein Nachfolger des Kartenspiels Whist, das in England schon im 14. Jahrhundert gespielt wurde. Ende des 19. Jahrhunderts hat sich Bridge in seiner heutigen Form entwickelt. Heute spielen über 100 Mio. Menschen weltweit Bridge. Im Bridge Mutterland England gibt es viele Verweise auf das Spiel, etwa in der Literatur: So wird in Agatha Christies Krimi „Cards on the table" der Gastgeber eines Bridge-Abends ermordet und in dem Roman „Moonraker" von Ian Flemming überführt James Bond einen seiner Gegner am Kartentisch als Falschspieler (vgl. Ratinger Bridge-Club 2013).

30.1 Wie stark ist Ihr Blatt?

Die Zahl der Figuren (der Asse, Könige, Damen und Buben) ist ein wichtiger Anhaltspunkt. Wenn Sie für jedes Ass vier Punkte zählen, für jeden König drei, für jede Dame zwei und für jeden Buben einen, sind im gesamten Spiel 40 Figurenpunkte verteilt. Ein Blatt mit weniger als zehn Punkten ist damit unterdurchschnittlich schwach. Ab zwölf Punkten können Sie beim Reizen etwas sagen. Ab 16 Punkte ist Ihr Blatt stark, ab 20 sogar sehr stark. Zudem kommt es gerade bei Farbenspielen auf die Verteilung an. Da sind unregelmäßige Verteilungen mit vielen Karten in ein oder zwei Farben deutlich stärker als regelmäßige Verteilungen.

30.2 Acht gemeinsame Karten ermitteln

Entscheidend ist, wie Ihre Karten mit dem Blatt Ihres Partners zusammenpassen. Wenn Sie gemeinsam acht Karten in einer (Ober-)farbe haben (ein sogenannter Fit), ist das ein guter Startpunkt. Wenn Sie zudem zusammen 26 Punkte haben, können Sie 3SA, 4♠ und 4♥ (wenn Sie den Fit in der entsprechenden Karte haben) ansagen.

30.3 Stimmen Sie sich mit Ihrem Partner ab!

Das Problem ist jetzt nur, dass Sie vor dem Reizen das Blatt Ihres Partners nicht kennen. Um dieses Problem zu überwinden, gibt es eine eigene Bridge Sprache, die während des Reizens gesprochen wird. Bereits vor dem Spiel sollten Sie sich mit Ihrem Partner abstimmen, um sicherzugehen, dass Sie tatsächlich die gleiche Sprache sprechen. Diese Sprachen bzw. Konventionen sind sehr komplex. Ganz grundlegende Botschaften lauten meist:

* Bei einer langen Farbe (mind. sechs Karten) wiederholt genau diese Farbe reizen.
* Bei zwei recht langen Farben (eine mind. fünf Karten, andere mind. vier Karten) zuerst die längere und dann die kürzere reizen.
* Bei einem gleichmäßig verteilten Blatt SA reizen.

* Haben Sie ebenfalls mindestens vier von der von Ihrem Partner angesagten Farbe, wiederholt diese Farbe reizen.
* Passen Sie mit einem ganz schwachen Blatt (weniger als zwölf Punkte).

Übrigens

Für einen leichteren Zugang zum Bridge Spiel beschreibt der Deutsche Bridge Verband eine Methode zum vereinfachten Reizen („Mini-Bridge"): http://www.bridge-verband.de/static/10minuten.

30.4 Bei schwachen Einfarbenblättern: Stören und opfern

Mit einem schwachen Blatt allerdings mit einer sehr starken Farbe müssen Sie damit rechnen, dass Ihre Gegner ein sehr starkes und zudem noch für sie günstig (bzw. für Sie ungünstig) verteiltes Blatt haben. In diesem Fall können Sie versuchen, die Kommunikation Ihrer Gegner beim Reizen zu stören, indem Sie gleich mit einem Dreier- oder Viererbot beginnen. Wenn Sie den Kontrakt erhalten und verlieren, ist der Punktverlust oft geringer als der Punktverlust durch ein gewonnenes Vollspiel Ihrer Gegner.

30.5 Alleinspiel im Sans Atout: Lange Farben spielen und Asse und Könige locken

Wenn Sie genug Stiche für Ihren Kontrakt sofort gewinnen können, ohne das Ausspiel an den Gegner abzugeben, dann sollten Sie diese sicheren Stiche zunächst machen. Wenn Sie noch nicht genug Sofortstiche haben, müssen Sie Stiche entwickeln: Dazu können Sie a) gegnerische Asse und Könige raustreiben (mit entsprechend hohen Karten), um danach mit niedrigeren Karten Stiche zu machen (Farbe entwickeln), b) eine lange Farbe solange spielen, bis beide Gegner nicht mehr bedienen können und/oder c) bei ungleichmäßig verteilten Farben (mehr Farben in einer Hand als in der anderen) mit gleich hohen Bildern mit einer hohen Karte der kurzen Farbe beginnen.

30.6 Alleinspiel im Farbkontrakt: Ungleichmäßige Farben entwickeln und bei gleichen Bildern hoch übernehmen

Auch bei Farbkontrakten lassen sich am leichtesten Farben entwickeln, die ungleichmäßig verteilt sind. Hat der Dummy von einer Farbe nur eine oder zwei Karten, können Sie ihn hier erst blank setzen, um ihn dann Ihre Verlierer in dieser Farbe trumpfen zu lassen. In eine lange Farbe des Dummys können Sie Ihrerseits einstechen, bis die kleinen Karten hoch sind. Dann können Sie Ihre Verlierer hier abwerfen.

30.7 Ausspiel gegen Sans Atout

Als Gegenspieler in Sans Atout (SA) bietet es sich oft an, die längste Farbe auszuspielen und so eine eigene Länge zu entwickeln. Wenn Ihr Partner eine Farbe geboten hat, sollten Sie diese Ausspielen (Ausnahme: Sie haben selber mehrere neben einander liegende Bilder (Ass bis 10), dann können Sie auch mit der höchsten Karte dieser Sequenz beginnen). Auch eine von Ihrem Partner ausgespielte Farbe können Sie gegen SA wiederbringen (und zwar von zwei Karten die höchste, von drei Karten die kleinste).

30.8 Ausspiel gegen Farbkontrakt

Als Gegenspieler in einem Spiel mit Trumpf sind folgende Ausspiele empfehlenswert:

* Die Farbe Ihres Partners.
* Eine **kurze Farbe**, in der Sie nur eine oder zwei Karten haben (drei Ausnahmen: mit einem einzelnen Trumpf (Single), wenn Sie selbst so stark sind, dass Ihr Partner womöglich gar nicht drankommt oder mit einem Single im Schlemm).
* Eine **nicht gereizte Farbe**: bei zwei Karten die höhere, bei drei oder vier mit einem Bild an der Spitze die niedrigere. Bei drei oder vier kleinen die höchste Karte.
* Ihre längste nicht gereizte Nebenfarbe, wenn Sie vier Trümpfe halten.
* Das höchste von zwei oder drei Bildern.
* Wenn die Einigung zum Trumpfkontrakt spät erfolgt, können Sie auch mit **Trumpf angreifen**.

31
Doppelkopf

Zur Geschichte von Doppelkopf ist nur wenig bekannt. Wahrscheinlich ist es wie Skat aus dem Schafskopfspiel entstanden. Für Doppelkopf existieren zahlreiche verschiedene Regeln. Die hier dargestellten Faustregeln orientieren sich an den Turnierspielregeln des Deutschen Doppelkopfverbandes, nach denen auch bei der ♥10 (Dulle) die erste Karte Vorrang vor der Zweiten hat, ein Stich mit mindestens 40 Punkten genauso Sonderpunkte gibt wie ein Stich mit dem ♣Buben (Charly) im letzten Stich oder das Fangen eines gegnerischen ♦Asses (Fux). Die Faustregeln sind eng angelehnt an die 20 goldenen Regeln des Doppelkopfs aus dem Doppelkopf Blog: http://doppelkopf. wordpress.com/.

31.1 Fehl gewinnt das Spiel

Können Sie früh aufspielen, sollten Sie (fast) immer mit den Assen beginnen. Ist Trumpf aufgespielt, lohnt sich ein hoher Einsatz mit der Dulle, um an das Spiel zu kommen, wenn Sie noch erste, „lauffähige" Asse haben. Können Sie dann zwischen einzelnen und doppelten Assen wählen: Entscheiden Sie sich für das einzelne, damit Ihnen niemand zuvor kommt. Haben Sie nur einzelne Asse, sollten Sie die Farbe wählen, bei der noch am meisten Karten bei den drei anderen Spielern sitzen. Wenn Sie zu einem

Tab. 31.1 Durchlaufwahrscheinlichkeiten eines Asses beim Doppelkopf

Anzahl der Handkarten	Wahrscheinlichkeit für A A Stich mit ♠ ♣	Wahrscheinlichkeit für A Stich mit ♥
1	87,6	66,8
2	79,4	48,4
3	66,8	24,2
4	48,4	0
5	24,2	0

schwarzen Ass eine entsprechende 10 haben, zu einem anderen schwarzen Ass eine niedrigere Karte wie eine 9: Spielen Sie das Ass mit der 9, dann haben Sie eine höhere Chance auf eine blanke 10. Die Durchlaufwahrscheinlichkeiten eines Asses können Sie nachfolgender Tabelle entnehmen: (Tab. 31.1)

Wenn Sie eine andere Fehlfarbe stechen können, sollten Sie eine bereits gelaufene Fehlfarbe nicht mehr spielen, da Sie sonst riskieren, dass Ihre Gegner sich abwerfen können (das gilt besonders für Herz: „Wer Herz nachspielt, weiß nichts und will nichts").

31.2 Bringen Sie Ihre Gegner in die Mittelhand!

Optimal ist es, wenn Sie und Ihr Partner die erste und die letzte Karte eines Stiches legen dürfen und Ihre beiden Gegner in der Mittelhand (fest-)sitzen. Sitzt Ihr Partner gegenüber von Ihnen, sollten Sie versuchen Ihren jeweils stärksten Gegner in die ungünstige Mittelhandposition zu bringen.

31.3 Kontra schmiert, wo Re sich ziert

Häufig geht der erste Fehlstich an die beiden Kontra-Spieler (Kontra hat im Schnitt sechs Fehlkarten, Re nur fünf), die zweite Runde geht dann aber häufig an Re. Kontra-Spieler sollten daher in der ersten Runde ruhig auch auf Verdacht schmieren (etwa eine 10, jedoch kein Ass), und damit gleich ein Kontra-Signal senden. Als Re-Spieler haben Sie meist bessere Chancen, die Fehlvollen auch später zum Partner zu bekommen. Anhand der Punktzahl in der Fehlfarbe können Sie gleich recht viel „lesen": Ein schwarzer Stich mit 15 Augen bedeutet bei einer erfahrenen, spielstarken Runde, Kontra hält das Ass oder ist im Nachspiel frei. Ein schwarzer Stich mit über 30 hingegen bedeutet, Re musste schmieren, ist also frei oder hat das zweite Ass.

31.4 Nicht den Partner oder dessen Fux abstechen

Nur wenn Sie ein lauffähiges Ass bringen wollen, kann es sinnvoll sein, eine Fehlfarbe des Partners abzustechen (sie also mit einem Trumpf zu überbieten). Auch den Fux des Partners brauchen Sie nicht abzustechen.

31.5 Mutig ansagen, vorsichtig absagen

Die stärkere Partei gewinnt durch deutliches, klares Spiel und Informationsaustausch. Die schwächere Partei gewinnt im Versteckspiel. Re und Kontra Ansagen sind ein starkes Mittel, seinen Partner zu finden. Wenn Sie bei normaler Partnerergänzung in der Mehrzahl der Fälle über 120 erreichen, sagen Sie was an! Tun

Sie das aber zum letztmöglichen Zeitpunkt, wenn Ihnen alle möglichen Informationen vorliegen – es sei denn Sie wollen durch eine vorzeitige Ansage eine Botschaft senden (ein Re an dritter oder vierter Position vor der ersten Karte verlangt z. B. die Doppeldulle). Bei Absagen wie „keine 90" sollten Sie weit vorsichtiger sein. Sie bringen im Gewinnfall nur einzelne zusätzliche Punkte, bei Verlust ist der Schaden aber groß – statt zu gewinnen warten meist zahlreiche Minuspunkte. Für eine „keine 90-Absage" ist bereits eine Gewinnsicherheit von etwa 90 % erforderlich – es sei denn „keine 90" ist ein wichtiges Signal an den Partner, dann kann es auch mal etwas weniger als 90 % sein.

Übrigens

Erfahrene Spieler haben Konventionen entwickelt, um die Signalwirkung von Ansagen und Ausspielen zu systematisieren. Im beim Doko bekannten Essener System gelten folgende Prinzipien: 1) Jede Ansage, die früher als zum letztmöglichen Zeitpunkt erfolgt, muss nützliche Zusatzinformationen enthalten, da sie andererseits durch ein höheres Risiko für die ansagende Partei nicht zu rechtfertigen wäre; 2) Verfrühte Ansagen dürfen in der Regel nur getroffen werden, wenn Mindestkriterien für die Blattstärke des Ansagenden oder seines Partners erfüllt sind; 3) Es dürfen durch verzögertes Spiel der eigenen Karte dem weiteren (vor Spielbeginn meist noch unbekannten) Partner Informationen gegeben werden, wenn dies aufgrund der Ausgangssituation oder der besonderen Blattstärke gerechtfertigt ist; 4) Vorzeitiges Ausspielen der Herz 10 beinhaltet Zusatzinformationen über die Stärke und die Partei des Ausspielenden (für weitere Infos zum Essener System bei drickesgorz.piranho.de).

31.6 Signalkarten richtig nutzen: Dulle vor ist Re

Die Dulle und die Alte (♣Dame) sind wichtige Signalkarten. Gerade mit einem guten Blatt sollten Sie mit der Dulle zumindest 25 Punkte machen und die gegnerische Dame aus dem Spiel nehmen. Die Dulle einfach so auszuspielen können Sie sich nur leisten, wenn Sie weitere hohe Trümpfe haben bzw. ein starkes Re haben. Der Re Partner sollte in die Dulle einen Fux reinwerfen, wenn er einen hat. Die ♣Dame sollten Sie nur spielen, wenn Sie beide Dullen haben (aber nur vier bis fünf Trümpfe und keine guten Asse). Ein starkes Signal für zwei Dullen ist es, den Fux mit Re aufzuspielen.

31.7 Trumpf nur aus Stärke spielen – bei zwei starken Partnern als Trumpf-Wippe

Trumpf anspielen sollten Sie nur mit einem guten Blatt (ab etwa acht Trumpf und einer freien schwarzen Farbe). Ist Ihr Partner auch stark, können Sie – idealerweise mit den Gegnern zwischen sich – Trumpf hin und zurück spielen. So können Sie den Gegnern die Trümpfe klauen, um dann in Ruhe Ihre Fehlfarben durchzubringen.

31.8 Der starke Partner bestimmt das Spiel, der Schwache entlastet

Der Schwächere sollte den Starken entlasten, nicht überfordern: Wenn möglich sollte er stechen und dem Starken einen Abwurf ermöglichen. Vermeiden sollte er, einen Fux, eine ♦10 oder eine andere volle Fehlfarbe mit niedriger Durchlaufwahrscheinlichkeit zu spielen, wenn noch ein oder zwei Gegner hinter dem starken Partner sitzen.

31.9 Nicht vorstechen („zweiter Mann so klein er kann"), Partner nicht überstechen und zweiten Fehllauf nicht unnötig hoch einstechen (mit Dulle oder schwarzer Dame)

Wenn Sie an der zweiten Position sitzen, sollten Sie nicht hoch einstechen, da Ihr Partner passgenauer stechen kann. Auch einen Stich oder eine Standkarte (Höchste der noch nicht ausgespielten Fehlfarbe) von Ihrem Partner sollten Sie nicht überstechen. Besser abwerfen und Trümpfe schonen. Einen zweiten Farblauf sollten Sie niedrig stechen, eine Dulle oder schwarze Dame wäre hier verschwendet.

31.10 Sonderpunkte nicht um jeden Preis – Charly muss schon sicher sein

Eine Dulle sollten Sie nur zum „Vollmachen" (über 40 Punkte) nutzen, wenn Sie weitere schwarze Damen haben. Den Charly sollten Sie nur durch vorhergehenden Damenabwurf bis zum Schluss aufbewahren, wenn Sie sich auch sicher sind, mit ihm den Stich zu machen.

31.11 Im Endspiel: Gabel setzen, nicht reinfallen

Wenn Sie die höchste und dritthöchste der verbliebenen (Trumpf-)Karten haben, während bei einem Gegner noch die zweithöchste und eine niedrigere gleicher Farbe sitzt, sollten Sie versuchen, dass Ihr Gegner aufspielt. Denn nur dann machen Sie beide Stiche.

31.12 Mitzählen!

Zählen Sie die gefallenen Karten bzw. Augen mit, um gerade im Endspiel die richtige Entscheidung zu treffen.

32

Skat

Skat ist eine Weiterentwicklung des Schafkopfs. Es wurde 1813 in der thüringischen „Skatstadt" Altenburg geboren und entwickelte sich schnell vor allem durch Studenten und Soldaten (vgl. Beckmann und Kruse 1970). Heute gibt es einen Skat-Verband, eine Skat-Bundesliga und sogar ein Internationales Skatgericht, das bei strittigen Fällen bemüht wird.

32.1 Vor dem Reizen: Mögliche Spiele im Kopf durchrechnen!

Stellen Sie sich vor dem Reizen folgende Fragen: Wie viele Stiche werde ich machen? Wie viele hohe Karten/Volle (10 oder Ass) von mir und von den Gegnern sind mir sicher? Wie ist meine Spielsituation (sitze ich in der Vor-, Mittel- oder Hinterhand?) Wie reizen die Gegner? Was lässt sich daraus auf die Verteilung schließen?

32.2 Vorsichtig reizen: Nicht auf Verteilung oder Skat verlassen

Aufbauend auf Ihren Überlegungen sollten Sie dann bis zu einem Spiel reizen, bei dem Sie bei normaler Kartenverteilung und ohne Skat über 60 Punkte kommen sollten. Wenn Sie sich zwischen zwei Spielen entscheiden können, wählen Sie das sicherere, auch wenn es weniger zählt. Dazu gehört auch, nicht unnötig „Hand" oder „ouvert" zu spielen oder „Schneider" anzusagen. Denn wenn Sie verlieren, bekommen Sie doppelt Miese. Turnierspieler reizen deshalb nur auf ein Spiel, wenn die Gewinnwahrscheinlichkeit über 70 % liegt. Natürlich spielt es eine Rolle, wie erfahren Sie im Vergleich zu Ihren Mitspielern sind. Spielen Ihre Mitspieler besser, sollten Sie noch vorsichtiger reizen.

Bauen Sie Ihr Spiel also nicht auf den Skat auf. Die nachfolgende Tabelle zeigt, wie wahrscheinlich es ist, eine gute Karte zu finden, je nachdem wie viele gute Karten es noch gibt (gute Karten sind meist noch zusätzliche Trümpfe oder ein Ass). (Tab. 32.1)

Auch auf eine gute Verteilung sollten Sie sich nicht verlassen. Die nachfolgende Tabelle zeigt die Wahrscheinlichkeit, mit der die übrigen Trümpfe bei den Gegenspielern (GS) verteilt sind, wenn der Alleinspieler (AS) vier bis sieben Trümpfe hat. Das Interessante: Hat der Alleinspieler fünf oder sieben Trümpfe, dann ist eine ungleiche Verteilung (4/2 bzw. 3/1) wahrscheinlicher als eine gleiche Verteilung (3/3 bzw. 2/2). (Tab. 32.2)

Tab. 32.1 Gute Karten im Skat (Quelle: Dr. Rainer Gößl; www.skat-fox.com)

Anzahl „guter Karten"	1 gute Karte im Skat (%)	2 gute Karten im Skat (%)
1	9,10	0,00
2	17,80	0,40
3	26,00	1,30
4	33,70	2,60
5	41,10	4,30
6	48,10	6,50
7	54,60	9,10
8	60,60	12,10
9	66,20	15,60
10	71,40	19,50
11	76,20	23,80
12	80,50	28,60
13	84,40	33,80
14	87,90	39,40
15	90,90	45,50
16	93,50	51,90

32.3 Im Spiel: Gefallene Karten einprägen und Punkte mitzählen

Ideal wäre es, wenn Sie sich alle gefallenen Karten einprägen bzw. alle bereits gefallenen Punkte, alle bereits gefallenen Farben und insbesondere alle gefallenen Trümpfe (bei einem normalen Farbenspiel gibt es elf Trümpfe) mitzählen würden. Das ist am Anfang allerdings etwas viel verlangt. Deshalb beginnen Sie zunächst, die Zahl der gefallenen Trümpfe und die Ihrer eigenen Stiche zu zählen.

Tab. 32.2 Verteilung beim Skat

Trumpf AS	Verteilung GS	Ws (%)
4	4/3	65,02
4	5/2	29,26
4	6/1	5,42
4	7/0	0,31
5	3/3	37,15
5	4/2	48,76
5	5/1	13,00
5	6/0	1,08
6	3/2	69,66
6	4/1	27,09
6	5/0	3,25
7	2/2	41,80
7	3/1	49,54
7	4/0	8,67

32.4 Trumpf ist die Seele des Spiels

Als Alleinspieler bietet es sich meist an, zu Beginn Trümpfe (wenn möglich von oben mit ♣/♠-Buben) zu ziehen. Damit behalten Sie das Heft in der Hand und können die Möglichkeiten Ihrer Gegner einschränken, in Bleifarben einzustechen. Wenn Sie keine hohen Buben, dafür aber die hochzählenden Trumpf Ass, 10 und/oder König haben, bietet es sich an, von unten mit einer Trumpf 7, 8, oder 9 die Trümpfe zu ziehen.

32.5 Gegner in Mittelhand bringen!

Die Mittelhand (als Zweiter zu werfen) ist die schwierigste Position, insbesondere für den Alleinspieler. Deshalb sollten Sie als Gegenspieler immer versuchen, den Alleinspieler in die Mittelhand zu bringen (z. B. indem Sie als Hinterhand die Stiche Ihrem Mitspieler überlassen).

32.6 Beim Anspiel: Langer Weg – kurze Farbe, kurzer Weg – lange Farbe

Ist der *Weg* von Ihnen als Anspieler in der Vorderhand bis zum Alleinspieler *lang* (der Alleinspieler sitzt in der Hinterhand), sollten Sie eine Farbe anspielen, von der Sie nur wenige oder am besten nur eine blanke Karte haben. Drei für Sie günstige Szenarien sind dann möglich: 1) Der Alleinspieler muss sein Ass bedienen und Ihr Mitspieler bringt seine 10 später durch. 2) Der Alleinspieler hat auch die 10, die Sie später stechen können. 3) Ihr Mitspieler hat das Ass, nimmt den Stich mit und spielt erneut die Farbe an (siehe Tipp 32.7), damit Sie gegebenenfalls stechen können.

Ist der *Weg kurz* (der Alleinspieler sitzt in der Mittelhand), sollten Sie meistens eine Farbe ausspielen, von der Sie viele Karten haben (also eine lange Farbe). Bei dieser Farbe ist die Wahrscheinlichkeit größer, dass Ihr Mitspieler einstechen kann. Und noch etwas: Mit einem Trumpf sollten Sie als Gegenspieler in der Regel nicht beginnen: Das Trümpfeziehen können Sie ruhig dem Alleinspieler überlassen.

32.7 Spielen Sie die Farbe nach, die Ihr Partner ausspielt!

Wenn Sie davon ausgehen, dass Ihr Partner sich bei seinem Ausspiel etwas gedacht hat, sollten Sie in der Regel die Farbe Ihres Partners nachspielen.

32.8 Ramsch mit Ausstiegskarten kontrollieren

Wenn es das Blatt hergibt, können Sie ein Ramschspiel bestimmen, indem Sie zu Beginn zunächst übernehmen, dann Ihre Schwachstellen loswerden (einzelne, höhere Karten, hohe Buben), um dann mit einer sicheren Karte (♦ Bube oder einer 7) abzugeben. Diese Ausstiegskarten sind ein wichtiges Pfand, das Sie nicht leichtfertig hergeben sollten. Gute Karten zum Anspielen sind mittlere Farbkarten einer kurzen Farbe (etwa Dame oder König), bei denen Sie nur eine kleine Punktzahl mitnehmen (wenn Ihre Gegner darunter bleiben) oder abgeben können.

32.9 Nicht in den eigenen Finger schneiden (und auch nicht in den des Mitspielers)

Zusätzliche Punkte können Sie erreichen, wenn Sie ein Ass gezielt zurückhalten, um damit eine 10 des Gegners zu schneiden. Gleichzeitig besteht das Risiko, noch mehr als zehn Punkte zu verlieren, wenn Ihr Ass übertrumpft wird. Schneiden lohnt sich, wenn Sie bereits sicher gewonnen haben und durch erfolgreiches Schneiden noch Schneider erreichen können oder aber ein schwaches Spiel ohne erfolgreiches Schneiden nicht gewinnen können. Umgekehrt sollten Sie sonst sicher gewonnene Spiele durchs Schneiden nicht unnötig gefährden. Besonders als Gegenspieler müssen Sie zudem aufpassen, dass Sie nicht auf die 10 Ihres Mitspielers schneiden.

32.10 Null (ouvert): Lücken durch kleinere Karten ausgleichen

Um ein Null (sowie ein Null ouvert in Mittel- oder Hinterhand) sicher gewinnen zu können, müssen Sie für jede Karte mindestens eine Karte haben, die darunter bleibt (eine Reihe aus 7–9 – Bube – König erfüllt zum Beispiel diese Bedingung – auf eine 8 können Sie die 7 spielen, auf eine 10 die 9 usw.). Die eigene Vorhand ist bei Null dann ein Vorteil, wenn Sie eine blanke 8 anspielen können, bevor sich einer Ihrer Gegner bei der entsprechenden Farbe freiwerfen kann. Wenn Sie allerdings nur lange Farben mit Lücken haben, kann die Vorhand zum Nachteil werden. Als Gegenspieler sollten Sie nicht mit einer 7 beginnen (Ausnahme nur bei einer blanken 7), sondern erst Ihrem Partner die Möglichkeit geben, sich in der entsprechenden Farbe freizuwerfen.

Übrigens

Die Anzahl aller möglichen Kartenverteilungen beim Skat beträgt: 2.753.294.408.504.640. Anders ausgedrückt: Sie müssen etwa 15 Jahre lang Tag und Nacht Skat spielen, um wahrscheinlich (>50%) zweimal mit der gleichen Kartenverteilung zu spielen (vgl. http://www.skatwelt.com/funpar.htm).

33

Schwimmen

Dieses Kartenspiel, das sich besonders für große Spielrunden eignet, wird je nach Region auch Einunddreißig, Feuer, Knack oder Schnauz genannt.

33.1 Zu Beginn einer größeren Runde: Schnell auf mindestens 20 kommen!

Die Strategie beim Schwimmen hängt davon ab, wie viele Mitspieler noch dabei sind. Zu Beginn einer großen Runde (mit mehr als fünf Spielern) sind die strategischen Möglichkeiten noch begrenzt. Meist geht es auch recht schnell, bis der Erste 31 hat oder „zu" macht. Sie haben also in der Regel nicht viele Tauschmöglichkeiten. Da es ja Ihr Ziel ist, nicht Letzter zu werden, sollten Sie jede der wenigen Möglichkeiten nutzen, um zumindest zwei Karten (am besten „Volle") von einer Farbe zu bekommen.

33.2 Spiel lesen und nicht Letzter werden: Ein gutes Pferd springt immer so hoch wie es muss

In einer größeren Runde ist vor allem interessant: Welche Farben sind besonders begehrt? Und was sammeln die vor Ihnen sitzenden Mitspieler? Sie sollten möglichst nicht auf das gleiche Pferd bzw. die gleiche Farbe setzen. Sonst bleibt nichts für Sie übrig. Beim Abwerfen sollten Sie Ihre Mitspieler nicht unnötig mit der passenden Karte füttern. Wenn Sie eine gute Vorstellung haben, was der nach Ihnen Spielende hat, können Sie auch nur ihm gezielt Karten vorenthalten: Denn Sie müssen nicht in jeder Runde gewinnen. Der vorletzte Platz reicht völlig.

33.3 Vorsicht beim Dreiertausch!

Einen Dreiertausch sollten Sie vor allem in kleinen Runden nur mit sehr viel Bedacht durchführen. Erstens: Sie sind danach völlig durchschaubar. Zweitens: Ihre alten drei Karten sind für Ihre Mitspieler neu und bringen damit meist Bewegung ins Spiel. Also im Zweifel lieber nicht wegen ein oder zwei zusätzlichen Punkten einen Dreiertausch riskieren.

33.4 Im Endspiel und bei kleinen Runden: Aufpassen, Bluffen, zu machen

Mit jedem Mitspieler weniger am Tisch steigen die strategischen Optionen: Am Ende gilt es, besonders gut aufzupassen, welche Karten Ihre Gegner tauschen und wie sie sich verhalten. Karten, die für Ihren Gegner wichtig zu sein scheinen, sollten Sie nicht ablegen. Wenn Sie dennoch eine Karte brauchen, können Sie im 2-Personen Endspiel einen Schiebe-Bluff versuchen: Sie schieben und spekulieren darauf, dass Ihr Gegner zu macht. Dann können Sie ungestört die dritte Karte nehmen und Ihre Punktzahl maximieren. Ihrerseits sollten Sie im 2-Personen Spiel zu machen, wenn Sie mehr als 20 Punkte haben und viel dafür spricht, dass Ihr Gegner noch keine drei Gleichen hat (etwa weil er wenig oder uneinheitlich tauscht und wiederholt schiebt).

34
Black Jack

Black Jack hat sich Anfang des 20. Jahrhunderts in den USA aus Siebzehn und vier entwickelt, welches wiederum bereits im 18. Jahrhundert in Europa gespielt wurde. Die Regeln von Black Jack sind für die Spieler dabei tendenziell vorteilhafter als die von Siebzehn und vier.

34.1 Bis 11 immer weiter ziehen, ab 17 (ohne Ass) nicht mehr ziehen

Sollte Ihr Blatt in der Summe weniger als 12 ergeben: Zögern Sie nicht und nehmen Sie immer eine weitere Karte. Sollte Ihr Blatt ohne Ass in der Summe 17 oder mehr ergeben, ziehen Sie besser keine weitere Karte.

34.2 Die Karte der Bank für Ihre Strategie beachten

Bei allen anderen Summen kommt es auf die Karte der Bank an. Hat der Croupier eine 2 bis 6 aufgedeckt, dann halten Sie Ihr Blatt, wenn Sie in der Summe 13 oder mehr haben. Wenn der

Tab. 34.1 Nachziehen bei Black Jack mit und ohne Ass. (Quelle: Bewersdorff 2012, S. 86)

Bank	2	3	4	5	6	7	8	9	10	Ass
Sp: 19	H	H	H	H	H	H	H	H	H	H
18	H	H	H	H	H	H	H	ZA	ZA	ZA
17	ZA	ZA	ZA	ZA	ZA	ZA	ZA	ZA	ZA	ZA
16	ZA	ZA	ZA	ZA	ZA	Z	Z	Z	Z	Z
15	ZA	ZA	ZA	ZA	ZA	Z	Z	Z	Z	Z
14	ZA	ZA	ZA	ZA	ZA	Z	Z	Z	Z	Z
13	ZA	ZA	ZA	ZA	ZA	Z	Z	Z	Z	Z
12	Z	Z	ZA	ZA	ZA	Z	Z	Z	Z	Z
11	Z	Z	Z	Z	Z	Z	Z	Z	Z	Z

H Halten, *ZA* Nachziehen mit Ass, *Z* Ziehen auch ohne Ass

Croupier eine Karte zwischen 7 und Ass aufdeckt, so nehmen Sie auch wenn Sie zwischen 12 und 16 Punkte haben eine weitere Karte. Wenn Sie ein noch flexibel als 1 oder 11 einsetzbares Ass haben, können Sie risikoloser eine weitere Karte ziehen. Die nachfolgende Tabelle zeigt die optimale Strategie mit und ohne Ass: (Tab. 34.1)

34.3 Wann lohnt sich verdoppeln?

Haben Sie im Casino Ihres Vertrauens die Möglichkeit zu verdoppeln, sollten Sie dies tun, wenn Ihr Blatt in der Summe 9, 10 oder 11 ergibt und die Bank ihrerseits keine 10 hat. Sie haben dann eine gute Möglichkeit auf eine weitere 10. (Tab. 34.2)

Tab. 34.2 Wann Sie bei Black Jack doppeln sollten. (Quelle: Bewersdorff 2012, S. 87)

Bank	2	3	4	5	6	7	8	9	10	Ass
Sp: 11	D	D	D	D	D	D	D	D	ND	ND
10	D	D	D	D	D	D	D	D	ND	ND
9	ND	D	D	D	D	ND	ND	ND	ND	ND

D doppeln, *ND* nicht doppeln

34.4 Wann sollten Sie Ihr Blatt teilen?

Sollten Sie zu Beginn zwei Asse erhalten und in Ihrem Casino ist teilen erlaubt: Nutzen Sie diese Möglichkeit! Sollten Sie zwei 8er oder 9er bekommen, so teilen Sie diese wenn die Karte des Croupiers niedriger als 9 ist. Sollten Sie 4er, 5er oder 10er Pärchen haben, dann teilen Sie diese in keinem Fall: (Tab. 34.3)

34.5 Eine Black Jack Versicherung lohnt sich nicht

Sollten Sie die Möglichkeit haben, eine Versicherung gegen einen Black Jack der Bank abzuschließen: Nutzen Sie sie nicht!

34.6 Mit Freunden zusammen wetten

Wenn Sie sich mit Freunden über die Spielstrategie einig sind, können Sie auch das Geld bzw. die Chips zusammentun und gemeinsam spielen (gilt auch für Roulette). Da die Verlustwahr-

Tab. 34.3 Wann Sie bei Black Jack teilen sollten. (Quelle: Bewersdorff 2012, S. 88)

Bank	2	3	4	5	6	7	8	9	10	Ass
Sp: Ass, Ass	T	T	T	T	T	T	T	T	T	
10, 10										
9, 9		T	T	T	T	T		T	T	
8, 8		T	T	T	T	T	T	T		
7, 7		T	T	T	T	T	T			
6, 6		(T)	T	T	T	T				
5, 5										
4, 4					(T)	(T)				
3, 3		(T)	(T)	T	T	T	T	T		
2, 2		(T)	(T)	T	T	T	T	T		

T Teilen, *(T)* nur Teilen, wenn nach nächster Karte nochmal gedoppelt werden darf

scheinlichkeit mit jedem weiteren Spiel leicht ansteigt, können Sie so gemeinsam die Verlustwahrscheinlichkeit senken und insgesamt länger spielen, weniger verlieren und gemeinsam gewinnen.

Übrigens

Ohne Teilen und Doppeln beträgt die durchschnittliche Verlustwahrscheinlichkeit (bei optimalem Spiel) 2,42 %. Wenn dazu noch optimal geteilt und gedoppelt wird, kann sich die Verlustwahrscheinlichkeit auf bis zu 0,64 % verringern (vgl. Bewersdorff 2012, S. 89). Zum Vergleich: Beim Roulette ist die Verlustwahrscheinlichkeit mit 1,35 % in etwa ähnlich. Allerdings können Sie im Roulette im Gegensatz zum Black Jack keine Fehler machen. Fazit: Black Jack macht vielleicht mehr Spaß – die Bank hat aber gerade gegen ungeübte Spieler noch größere Gewinnchancen.

35
Poker

Verschiedene Spiele aus verschiedenen Ländern gelten als Vorläufer des Pokers. Der deutsche Vorläufer war das Spiel Pochen (= prahlen). Im Amerikanischen Bürgerkrieg wurde dann bereits Seven Card Stud gespielt. Weitere Varianten des bekannten und hier beschriebenen Texas Holdem sind Omaha, Razz, Five Card Draw und Chinese Poker.

35.1 Haben Sie Geduld – Nicht verloren ist schon fast gewonnen

Oft ist die Neugier groß, aber die Gewinnwahrscheinlichkeit klein. In diesen Fällen müssen Sie gerade als Anfänger geduldig und diszipliniert bleiben. Sonst ist die Gefahr groß, dass Sie sich bereits nach ein paar Runden verabschieden müssen. Generell sollten Sie sich nicht von Emotionen, sondern vom nüchternen Kalkül leiten lassen und lieber einmal zu früh als zu spät abwerfen.

Tab. 35.1 Stärke der Poker-Starthände. (Quelle: https://www.mybet.com/de/poker/strategie)

Gruppe	Starthände (werden in der Gruppe von links nach rechts schwächer)
1	AA, KK, QQ, JJ, AKs
2	TT, AQs, AJs, KQs, AK
3	99, JTs, QJs, KJs, ATs, AQ
4	T9s, KQ, 88, QTs, 98s, J9s, AJ, KTs
5	77, 87s, Q9s, T8s, KJ, QJ, JT, 76s, 97s, Axs, 65s
6	66, AT, 55, 86s, KT, QT, 54s, K9s, J8s, 75s
7	44, J9, 64s, T9, 53s, 33, 98, 43s, 22, Kxs, T7s, Q8s
8	87, A9, Q9, 76, 42s, 32s, 96s, 85s, J8, J7s, 65, 54, 74s, K9, T8, 43

A = Ass, *K* = König, *Q* = Dame, *J* = Bube, *T* = 10, *s* = suited (zwei Karten der gleichen Farbe, zum Beispiel zwei Herz oder zwei Karo), *x* = jede beliebige Karte

35.2 Auf die Starthand kommt es an

Es gibt zwar keine genaue Regel, mit welchen Karten Sie bei Texas Holdem dabei bleiben sollten. Aber es gibt eine klare Reihenfolge über die Stärke Ihrer Starthand, die in der nachfolgenden Tabelle deutlich wird. Zwei Asse sind demnach das beste Startblatt, gefolgt von zwei Königen usw. (Tab. 35.1)

35.3 Die Sitzposition spielt eine Rolle

Die Position am Pokertisch ist ein entscheidender Faktor bei Texas Holdem. Wenn Sie direkt links neben dem Dealer sitzen, brauchen Sie eine bessere Starthand (aus den Gruppen 1–4), um zu Beginn zu setzen, als wenn Sie erst ganz am Ende setzen können (dann reicht ggf. eine Starthand aus den Gruppen 1–7).

Denn in einer „Late Position" können Sie besser abschätzen, ob und wie oft der Pot noch erhöht wird.

35.4 Wer rechnen kann ist klar im Vorteil

Sie sollten zu jedem Zeitpunkt zumindest grob die Wahrscheinlichkeit berechnen, eine vielversprechende bzw. gewünschte Kartenkombination erreichen zu können. Dazu zählen Sie zunächst Ihre Outs (Zahl der noch auszulegenden Karten, die Ihnen helfen, Ihre gewünschte Kombination zu erreichen) und dividieren diese durch die Zahl der restlichen Karten. Ein Beispiel: *Ihre Hand ist* ♦ *10 und* ♦ *Bube; im Flop liegen* ♦ *9,* ♦ *2 und* ♠ *Dame.* In diesem Fall hilft Ihnen jede 8 (insgesamt vier mögliche Karten) und jeder König (vier Karten), um einen Straight zu erreichen. Jedes Karo (insgesamt neun Karten) hilft Ihnen, um einen Flush zu erreichen. Das macht zusammen 17 Karten. Da die ♦ 8 und der ♦ König jeweils doppelt gezählt wurden, bleiben insgesamt 15 Karten, die Ihnen zu einer vielversprechenden Kombination verhelfen. Bei 47 Karten (52– (Flop + Hand)) im Deck, die wir nicht kennen, ergibt sich also eine Wahrscheinlichkeit von etwa 63 %, dass eine gewünschte Karte entweder im Turn oder im River erscheint: Gute Aussichten.

35.5 Pot-Odds mitbedenken

Setzen sollten Sie tendenziell, wenn Ihre Gewinnwahrscheinlichkeit höher ist als die sogenannten Pot-Odds, dem Verhältnis zwischen der Höhe des zu gewinnenden Pots und dem zu bringenden Einsatz. Wenn sich im Pot zum Beispiel 18 € befinden und Ihr Gegner sechs Euro setzt, sind die Pot-Odds 4 zu 1. Im Gewinnfall würden Sie für Ihre sechs Euro das Vierfache rausbekommen. In diesem Fall benötigen Sie mindestens 20 % (1 zu 4) Gewinnchancen, um einen Call mathematisch zu rechtfertigen.

35.6 Mit Gruppe 1-Starthand: Schon vor dem Flop erhöhen

Ab einem Buben-Paar oder einem Ass und einem weiteren Bild in gleicher Farbe (suited) können Sie bereits vor dem Flop erhöhen. Es sei denn, ein Gegner hat bereits erhöht. Dann sollten Sie für einen re-raise mindestens ein Damen-Paar haben.

35.7 Beobachten Sie Ihre Gegner!

Versuchen Sie, die Spielstile und Emotionen Ihrer Gegenspieler zu erkennen. Bei erfahrenen, guten Spielern werden Sie weniger erkennen können. Gegen diese Spieler sollten Sie als Anfänger wenn überhaupt nur um wenig Geld spielen, denn auf die Dauer können Sie zwar einiges lernen, aber auch einiges verlieren.

35.8 I wear my sunglases at night: Immer das gleiche Pokerface, aber nicht immer die gleiche Taktik

Bleiben Sie Ihrerseits vielseitig und damit undurchschaubar. Dosieren Sie Ihre Risikobereitschaft. Setzen Sie ein Pokerface (oder eine Sonnenbrille) auf. Und versuchen Sie nicht Ihre Gegner zu schlagen, lassen Sie Ihre Gegner versuchen, Sie zu schlagen.

35.9 Eine gut gespielte Hand muss nicht immer gewinnen – eine schlecht gespielte Hand kann auch gewinnen

Orientieren Sie sich an den oben genannten Wahrscheinlichkeiten, an den Outs und Pot-Odds. Und lassen Sie sich davon nicht abbringen, auch wenn Sie zum Beispiel mal mit einer rechnerisch überlegenen Hand den Kürzeren ziehen. Es geht nicht darum, eine Hand zu gewinnen. Es geht darum, diese gut zu spielen. Nur wenn Sie dies beherzigen, haben Sie langfristig Erfolg!

35.10 Bluffen: Die Königsdisziplin

Bevor Sie sich ans bluffen wagen, sollten Sie einiges an Spielpraxis sammeln. Denn die richtige Mischung beim Bluffen zu finden, ist nicht einfach. Wer es dennoch versuchen will: Wenn Sie gute Karten antäuschen wollen, sollten Sie schnell und entschlossen callen oder raisen, ohne dabei zu übertreiben. Gleichzeitig sollten Sie gelassen und zufrieden wirken. Wenn Sie hingegen gute Karten haben, aber das verbergen wollen, sollten Sie entweder länger überlegen oder einen Bluff vortäuschen.

36

6 Nimmt!

Dieses Kartenspiel wurde 1994 mit dem Deutschen Spiele Preis ausgezeichnet und bis 2005 über 1,5 Mio. Mal verkauft. Nachfolger bzw. Varianten des Spiels sind Hornochsen!, Tanz der Hornochsen, eine Junior Version (mit Tieren statt Zahlen) und 11 nimmt!. Englischsprachige Versionen sind Take 5! bzw. Take 6!, Slide 5! und mit leicht veränderten Regeln Category 5!. Zudem kann das Spiel in verschiedenen Varianten gespielt werden (Normal, Profi (alle Karten sind im Spiel) und Taktik (niedrigste Karte an Beginn eines Stapels)). Unsere Faustregeln sind für das „Normal" 6-Nimmt!, aber weitgehend auch für die Profi-Variante gültig.

36.1 Mit der ersten Karte lenken

Wenn Sie entweder viele hohe oder viele niedrige Karten haben, sollten Sie bereits mit der ersten Karte das Spiel in die entsprechende Richtung lenken (wenn Sie viele hohe Karten haben, sollten Sie entsprechend mit einer hohen Karte beginnen). Versuchen Sie eine ausgewogene Mischung aus hohen und niedrigen Karten zu behalten, um weiterhin flexibel und strategisch reagieren zu können.

36.2 Mut zur Lücke und zur Reihe – mit der 1 einen Hornochsen nehmen

Mit ungünstig verteilten Karten kann es ratsam sein, gezielt eine kurze, günstige Reihe zu nehmen, um eine lange, teure Reihe zu umgehen (Hintergrund: Die durchschnittliche Zahl an Hornochsen auf einer Karte ist 1,64. Bei einer ganzen Reihe mit fünf Karten bekommen Sie damit im Schnitt 8,22 Hornochsen aufgebrummt). Wenn Sie die 1 haben, müssen Sie früher oder später eine Reihe nehmen. Spielen Sie sie also aus, wenn eine einzelne Karte mit nur einem Hornochsen billig zu haben ist – oder wenn Sie gezielt einen Mitspieler reinreiten, indem Sie ihm eine Reihe vor der Nase wegschnappen.

36.3 Immer mit leeren Reihen rechnen!

Ganz wichtig: Reihen mit wenigen Hornochsen sind immer auch riskante Anlagestellen – gerade wenn alle Reihen bereits relativ hoch enden. Denn sie sind oft schneller verschwunden, als Sie schauen können. Also: immer wegfallende Reihen mitbedenken!

36.4 Spiel mit vielen Mitspielern (über vier): Ganz nah oder ganz weit weg!

In einer großen Runde bietet sich oft entweder eine Karte an, die sehr dicht an der letzten Karte einer Reihe mit weniger als fünf Karten liegt oder eine mit großem Abstand zu dieser. Bei wenigen Mitspielern können Sie noch recht entspannt an neue Reihen anlegen (aber achten Sie auch hier auf möglicherweise wegfallende Stapel).

36.5 Knapp vorbei ist nicht daneben

Gerade wenn alle Reihen (meist gegen Ende des Spiels) mit recht hohen Karten enden und bereits weit ausgebaut sind, bieten sich Karten zum Ausspiel an, die möglichst knapp unterhalb des niedrigsten Stapels liegt. Meist macht ein Spieler vor Ihnen eine neue Reihe auf, an die Sie dann anlegen können. Und im schlimmsten Fall (Ihre Karte ist die niedrigste) können Sie sich einen günstigen Stapel aussuchen.

36.6 Karten in einer Reihe nutzen

Wenn Sie zwei aufeinanderfolgende Karten haben: Versuchen Sie die niedrigere als vierte Karte eines Stapels einzusetzen und die höhere Karte als sichere Fünfte. Bei einer längeren Reihe können Sie die Niedrigste an einen noch sehr kleinen Stapel anlegen, die

Höchste an einen weiter ausgebauten Stapel voller Hornochsen (idealerweise als fünfte Karte). So haben Sie einen Korridor, in den Sie in Ruhe Ihre weiteren Karten ausspielen können – insofern niemand den kleineren Stapel abräumt.

36.7 Merken Sie sich, welche Karten schon gespielt wurden

Insbesondere wenn alle Karten im Spiel bekannt sind, sollten Sie die gespielten Karten mitzählen. So können Sie grob einschätzen, wie viele Karten noch zwischen der letzten Karte eines Stapels und Ihrer nächsten Karte im Spiel sind.

37

Canasta

Canasta wurde in Südamerika erfunden und verbreitete sich in den 1940er Jahren ausgehend von Uruguay und Argentinien in Nordamerika und Europa. Es ist eine Mischung aus Bridge und Rommé und wird in verschiedenen Varianten für zwei bis sechs Spieler gespielt. Die Tipps hier beziehen sich auf das Spiel für vier Personen. Der Name Canasta (span.: Korb) leitet sich davon ab, dass die Karten des Stoßes und des Ablagestapels in einen Kartenkorb gelegt werden.

37.1 Nicht übereilt niedrige Karten herauslegen

Auch wenn Sie die nötige Punktzahl zum rauslegen erreicht haben, sollten Sie nicht immer gleich alles offenlegen. Darauf verzichten sollten Sie, wenn Sie dazu zu viele Karten brauchen (und dann keine Chance mehr hätten, das Paket zu kaufen) oder wenn Sie Ihre Joker damit zu früh vergeuden würden. Ganz konkret sollten Sie bei einer Eröffnung mit 90 Punkten zunächst abwarten, wenn Sie mehr als sechs Karten zur Eröffnung benötigen würden. Bei einer Eröffnung mit 120 Punkten sollten Sie mit neun notwendigen Karten noch ein bis zwei Runden warten, ob Sie nicht das Paket kaufen können oder Ihr Partner rauskommt.

Sofort rauslegen können Sie bei einer Eröffnung mit 50 Punkten allerdings drei Asse oder zwei Asse und Joker (echt oder unecht) sowie ein Paar oder einen Drilling hoher Karten (Wert zehn Punkte) mit einem Joker.

37.2 Vierlinge auf den Tisch!

Vierlinge sind ein guter Grundstock für einen Canasta und können meist gleich auf den Tisch. Paare und Drillinge können auf der Hand wertvoll werden, wenn Sie mit ihnen den Ablagestapel bzw. das Paket kaufen können. Aber warten Sie auch mit Drillingen nicht zu lange mit dem Ablegen, um nicht plötzlich von einem ausmachenden Gegner überrumpelt zu werden.

37.3 Pakete lohnen sich meistens

Halbwegs große Pakete zu kaufen lohnt sich in der Regel – sie schaffen viele neue Möglichkeiten und sind oft spielentscheidend. Nur wenn kurz vor Schluss immer noch eine Karte zum (insbesondere wichtigen ersten) Canasta fehlt, kann es Sinn machen, lieber eine Karte vom Talon in der Hoffnung zu kaufen, dort die fehlende Karte oder den fehlenden Joker für einen bestehenden Sechsling zu finden.

37.4 Füttern Sie mit Ihren Abwurfkarten nicht Ihre Gegner

Werfen Sie möglichst keine Karten ab, die insbesondere Ihr linker Nebenmann bereits herausgelegt hat und die es Ihren Gegnern ermöglichen würden, das Paket zu kaufen (insbesondere wenn das Paket bereits sehr groß ist) und einen Canasta zu legen. Notfalls kann es Sinn machen, einen eigenen Drilling zu zerreißen und für den Abwurf zu opfern, bevor Sie Ihre Gegner mit dringend gebrauchten Karten füttern.

Um die Karten zu identifizieren, die insbesondere Ihr linker Nebenmann nicht gebrauchen kann, geben seine Abwurfkarten Hinweise. Wenn er nicht gerade blufft, kann er diese Karten offensichtlich nicht brauchen. Zudem sollten Sie vor der Eröffnung eher niedrige fünf Punkte-Karten abwerfen, um Ihren Gegnern keine Steilvorlage für die Eröffnung zu bieten. Und Sie sollten sich die Karten im Paket merken. Wenn es Ihr Gegner kauft, wissen Sie, welche Karten Sie besser nicht für ihn abwerfen sollten.

37.5 Sperren Sie das Paket im richtigen Moment

Mit einer schwarzen Drei sollten Sie nur Pakete sperren, wenn diese wirklich groß sind. Auch das Sperren mit einem Joker will wohlüberlegt sein. Wenn Sie im eigenen Blatt selbst keine Paare haben, würden Sie sich mit einem Joker zum Beispiel selbst den Zugang zum Paket versperren. Zudem brauchen Sie Ihren Joker nicht für das Sperren zu vergeuden, wenn noch niemand eröffnet hat, da er dann nichts ändern würde.

37.6 Gute Partner helfen sich

Unterstützen Sie Ihren Partner, etwa indem Sie die Eröffnung übernehmen, wenn er offensichtlich nicht im Stande dazu ist. Oder helfen Sie ihm, wenn er dem Gegner Karten abwerfen muss, die sich zum Paketkauf eignen, indem Sie das Paket mit einem Joker sperren.

37.7 Ausmachen: Mit Canasta und Überraschungseffekt

Auch wenn Sie ausmachen können: Nicht immer ist es sinnvoll. Zwar lockt eine 100 Punkte Prämie. Doch vielleicht überrumpeln Sie damit eher Ihren Partner, als Ihre Gegner. Gerade wenn Ihre Gegner bereits einen Canasta haben, sollten Sie sich ein vorzeitiges Ausmachen zweimal überlegen. Wenn Sie allerdings bereits einen Canasta haben, Ihre Gegner hingegen noch nicht, dafür aber noch rote Dreier, Joker und jede Menge Karten auf der Hand, ist Ausmachen ratsam. Um damit Ihre Gegner zu überraschen, können Sie eine fertige Figur wie einen Drilling in der Hand behalten. Da Sie noch mindestens drei Karten haben, wecken Sie keinen Ausmach-Verdacht. Zudem sollten Sie, um den Überraschungseffekt zu behalten, Ihren Partner nicht „Darf ich ausmachen?" fragen.

38
MAU-MAU

Mau – Mau gibt es in zahlreichen Varianten. Die hier beschriebenen Faustregeln gehen etwa davon aus, dass Sie auf eine 7 mit einer 7 kontern können (und der nächste Spieler entsprechend vier Karten ziehen muss) und der nächste Spieler nach einer 8 aussetzen muss. Auch das beliebte Spiel Uno ist letztlich eine von vielen Varianten bzw. Weiterentwicklungen des in den 1930er Jahren entstandenen Mau-Mau.

38.1 Bunt und variabel bleiben

Wenn Sie die Wahl haben, die gleiche Zahl oder die gleiche Farbe zu bedienen, entscheiden Sie sich für die Karte, von deren Farbe Sie noch am meisten haben. Wenn Sie alle vier Farben haben, brauchen Sie so schnell nicht nachziehen.

38.2 Buben und 7er aufbewahren: Zum Abschließen und Kontern

Einen Buben sollten Sie bis zum Schluss aufbewahren, um mit ihm abschließen zu können. Zudem sollten Sie 7er halten. Als erster sollten Sie eine 7 nur ausspielen, wenn Sie weitere besitzen und einen Konter zurück kontern könnten.

38.3 Aussetzreihe als Überraschungsmoment

Wenn Sie zu zweit spielen, können Sie mehrere 8er bzw. Aussetz-karten sammeln, um dann eine Aussetzreihe zu starten und so überraschend drei bis vier Karten auszulegen (achten Sie darauf, dass Sie zur letzten Aussetzkarte eine Karte mit entsprechender Farbe an- bzw. abschließen können). Tipp 38.2 und 38.3 lassen sich auch so zusammenfassen: Werfen Sie erstmal alle normalen Farbkarten ab – und heben Sie Sonderkarten für das große Finale auf.

38.4 Spielen Sie die blanken Farben Ihrer Gegenspieler

Merken Sie sich, welche Farben Ihre Gegenspieler nicht bedienen können, und nutzen Sie dies gezielt aus, indem Sie möglichst oft diese Farbe nachspielen.

39

Arschloch

Dieses Kartenspiel mit dem unschönen Namen ist auch unter Bettler oder Negern bekannt. Kommerzielle Varianten heißen „Der Große Dalmuti", „Karrierepoker" oder „Hollywood-Poker". Die Regeln variieren je nach Region. Bei allen Varianten ist es aber eine große Herausforderung, aus einer einmal schlechten Position wieder auf die Sonnenseite des Kartenspiels zu kommen.

39.1 Asse klug nutzen

Asse sind sehr wertvoll. Mit Ihnen können Sie sofort wieder beginnen und schlechte Karten loswerden. Wenn Sie mehrere Asse haben: Nutzen Sie sie nach Möglichkeit einzelnen, um möglichst oft mit schlechteren Karten ausspielen zu können. So können Sie das Spiel bestimmen und behalten das Heft in der Hand.

39.2 Pulver nicht zu früh verschießen

Haben Sie hingegen wenige oder keine Asse, ist es meist ratsam abzuwarten, bis der Präsident und die anderen ihr Pulver verschossen haben. Gegen Spielende steigt dann schnell ein König oder eine Dame zur besten Karte und damit zur „Anspiel-Ermöglichungskarte" auf.

39.3 Paare, Drillinge und Vierlinge: Gegen Ende immer schwieriger zu schlagen

Auch Mehrlinge sollten Sie gerade mit einem schlechten Blatt eher aufbewahren. Wenn dann ein oder mehrere Gegner gegen Spielende nur noch einzelne Karten haben, können Sie ohne Gegenwehr Ihre Mehrlinge aufspielen.

39.4 Auf Hauptkonkurrenten konzentrieren

Verkämpfen Sie sich mit einem mittelmäßigen Blatt nicht gegen den Präsidenten. Versuchen Sie vielmehr einzuschätzen, wer Ihr Hauptkonkurrent um den Posten des Vize-Präsidenten ist, um ihn zu übertrumpfen.

40
Wizard/Stiche-Raten

Stiche-Raten ist mit leichten Regel-Variationen auch unter Cravallo, Wist, Ansagen, Brille, Fahrstuhl, Einmal Hölle und zurück, Durch die Hölle, Lotto-Bridge oder Dummkopf bekannt. Ein wie Wizard kommerziell vertriebenes Kartenspiel mit ähnlichem Spielprinzip ist Rage.

40.1 Mittlere und Einzelne abwerfen

Bereits bei der Kalkulation am Anfang sind die mittleren Farbkarten (bei Wizard 5-10) die schwierigsten. Sie können leicht ungewollt zu Stichen führen oder ungewollt leer ausgehen. Da Sie mit diesen Karten das Spiel schlecht bestimmen können, sollten Sie sie genau wie einzelne Karten einer Farbe möglichst früh abwerfen.

40.2 Charakter des Spiels: Abwerfen oder Abgreifen?

Der Charakter eines Spiels hängt entscheidend davon ab, ob insgesamt mehr oder weniger Stiche angesagt wurden, als tatsächlich zu vergeben sind. Bei einem Spiel mit zu vielen angesagten Stichen sollten Sie tendenziell niedrige Karten abwerfen und schon früh beginnen, Stiche einzukassieren. Bei zu wenigen angesagten Stichen gilt entsprechend das Gegenteil.

40.3 Mit Zauberer und Narren Spiel planen

Mit dem Zauberer und den Narren (bei Wizard) können Sie Ihren Gegnern einen Strich durch die Rechnung machen und Ihre eigene Strategie absichern. Der Zauberer wirkt zum Beispiel: 1. als hoher Trumpf, 2. als Wegbereiter für hohe Farbenkarten, die Sie nach dem Zauberer anspielen oder aber 3. um eine Karte nicht bedienen zu müssen, mit der Sie später einen Stich machen können.

40.4 Wenn schon daneben, dann aber richtig!

Ist absehbar, dass Sie Ihre Ansage nicht genau treffen, macht es oft Sinn, richtig in die Offensive (oder aber in die totale Defensive bzw. in den Abwerfmodus) zu gehen. So vermasseln Sie möglichst vielen Ihrer Mitspieler die Partie (und erzielen bei der offensiven Strategie noch zusätzliche Punkte, insoweit es Punkte für jeden gemachten Stich gibt).

41

Hearts/Schwarze Katze

Weitere Namen für Kartenspiele mit demselben Spielprinzip: „Der Schmutzige", „Die schwarze Lady", „Crubs" oder „Klapprige Kate". Hearts ist ein Standardspiel bei vielen Windows-Versionen.

41.1 Pik Dame, König und Ass meist weitergeben

Die Dame sollten Sie nur dann nicht weitergeben, wenn Sie zudem mindestens vier niedrige oder drei hohe Pik haben. Ähnliches gilt für König und Ass. Nur wenn Sie mindestens drei weitere Pik haben, sollten Sie diese in Ihrem Blatt behalten. Auf keinen Fall weitergeben sollten Sie hingegen Pik, die niedriger als die Dame sind. Diese können wertvoll werden, wenn Sie die Dame Ihrerseits weitergegeben bekommen.

41.2 Pimp your Blatt!

Verbessern Sie Ihr Blatt durch kluges Weitergeben ungeschützter Karten: Hohe Pik und hohe Herz sind die ersten Weitergabe-Kandidaten. Machen Sie sich zudem bei einer Farbe frei. Über diese freie Farbe können Sie dann idealerweise die Dame oder andere kritische Karten loswerden.

41.3 Dame möglichst schnell loswerden

Wenn Sie die Dame haben, sollten Sie die erste sich bietende Gelegenheit ergreifen, diese sicher loszuwerden.

41.4 „Shoot on the moon" Ihrer Gegner stoppen

Wenn Sie merken, dass einer Ihrer Gegner einen Durchmarsch bzw. einen Shoot on the moon plant (etwa weil er auffällig niedrige Karten abwirft), sollten Sie dies wenn möglich verhindern (etwa indem Sie mit einem Herz frühzeitig einstechen). Vier zusätzliche Punkte können Sie in Kauf nehmen, um einen Durchmarsch zu verhindern. Acht zusätzliche Punkte sind allerdings schon zu viel.

41.5 Nur sicheren Shoot on the moon wagen

Um selber einen Shoot on the moon zu wagen, brauchen Sie ein sicheres Blatt, insbesondere hohe Herz Trümpfe. Niedrige Herzen können hingegen zur Gefahr werden, wenn Sie nicht alle Herz vorher ziehen können.

41.6 Herz und Pik mitzählen

Zählen Sie möglichst viele Karten mit, um eine sichere Strategie verfolgen zu können. Hilfreich ist vor allem, sich die gefallenen Herz und Pik einzuprägen.

42

Spider Solitär

Spider war zumindest bis Windows XP ein standardmäßig installiertes Spiel (neben FreeCell, dem zuvor behandelten Hearts und Minesweeper). Dabei gibt es drei Schwierigkeitsstufen. Unsere Faustregeln helfen, das anspruchsvolle vier Farben Spider Solitär zu lösen. Da dies schwierig genug ist, werden Überlegungen, wie die dafür benötigte Zeit oder die vollzogenen Züge minimiert werden können, nicht berücksichtigt.

42.1 Nicht jedes Blatt ist lösbar

Die schwierige Variante von Spider Solitär ist selbst bei optimalem Spiel nicht immer zu lösen. Wie hoch der Prozentsatz der lösbaren Spiele genau ist, ist schwer zu sagen. Ich schätze ihn auf über 50 %.

42.2 Machen Sie ausgiebig Gebrauch von der Rückgängig-Funktion

Wenn es Ihnen nur um das Lösen und nicht auf die Punktzahl ankommt, können Sie mit der Rückgängig-Funktion munter die Karten erkunden. Oft sind gute Auswege auf den ersten Blick

nicht ersichtlich. Dank der Rückgängig-Funktion können Sie
aber unverbindlich nachschauen, was Sie im Nachzugstapel er-
wartet. Die Karten, die Sie nicht gebrauchen können und wieder zurücklegen, sollten Sie sich dennoch einprägen. Vielleicht
brauchen Sie die Karte später und wissen dann, wo sie sich befindet. Hinterfragen Sie in jedem Fall nach jedem Zug, ob er Ihre
Situation verbessert hat. Ist dies nicht der Fall, machen Sie den
Zug lieber rückgängig. Sind Sie sich nicht sicher, sollten Sie nach
weiteren Optionen Ausschau halten. Anhand dreier Kriterien
können Sie Ihre Position beurteilen: 1) Beweglichkeit (wie viele freie Spalten und bewegliche Karten sind verfügbar?), 2) Far-
bensortierung (sind viele Karten bereits in einheitlichen Farben
sortiert?) und 3) Ausgewogenheit (idealerweise sind vom König
bis zur 2 alle Karten erreichbar, um immer eine Anlegestelle zu
finden – siehe auch Tipp 42.7).

42.3 Rangierbahnhöfe schaffen

Versuchen Sie möglichst schnell ganze Kartenstapel abzuräumen
bzw. zu verteilen. Freie Spalten schaffen Ihnen Platz zum Umräu-
men. Diesen brauchen Sie, um die richtigen Farben zueinander
zu bringen und um auch an weiter oben liegende, zugedeckte
Karten zu gelangen.

42.4 Restestapel anlegen

Um freie Felder zu erreichen, müssen die Karten irgendwo hin.
Legen Sie sie in Spalten an, die sowieso schon etwa durch einen
König verstopft sind. Denn Könige können Sie nirgends anlegen.
Zwei bis drei solcher Restestapel können Sie sich erlauben, wenn
Sie dafür an anderer Stelle freie Spalten schaffen.

42.5 Königspositionen merken und Restestapel anpassen

Leider zeigt sich erst im Spielverlauf, wohin weitere Könige verteilt werden. Oft lohnt sich mit diesem Wissen ein zweiter Versuch von Beginn an. Denn nun können Sie bewusst Ihre freien Stapel bzw. Rangierbahnhöfe dort einplanen, wo keine Könige zu erwarten sind bzw. Ihre Restestapel dort anlegen, wo später weitere Könige kommen.

42.6 Einfarben-Reihen schützen

Wenn Sie bereits lange Farbreihen haben, bauen Sie sie nicht zu. Bevor Sie zum Beispiel eine ♥ 2 an eine Reihe 10-9-8-7-6-4-3 in Kreuz anlegen, sollten Sie   Ausschau nach einer anderen, offenen 3, 4 oder 5 (idealerweise am Ende eines Restestapels) halten, an der Sie die ♥ 2 ggf. zusammen mit der ♣ 3 und ♣ 4 anlegen   können.   Damit bleiben Sie mit der   Kreuz-Reihe beweglich und können mit ihr eine ganze Kreuzkollektion komplettieren, wenn sich die Chance dazu bietet.

42.7 Knappe Karten antizipieren und freihalten

Wenn zu Beginn des Spiels bereits oft eine Zahl oder ein Bild fällt, fehlt Ihnen genau diese Zahl oder dieses Bild meist am Ende. Wenn zum Beispiel in der ersten Reihe bereits drei 7er aber noch keine 6er enthalten sind, ist die Gefahr groß, dass Ihnen im weiteren Verlauf des Spiels freie 7er fehlen, wenn dann die 6er kommen. Sie sollten daher aufpassen, sich die 7er nicht zuzubauen. Versuchen Sie stattdessen mindestens eine, besser zwei 7er immer wieder freizuräumen.

Teil V

Würfel-, Tipp-, Wett- und Gewinnspiele

43
Kniffel

Das Spiel kam unter dem Namen Yahtzee 1956 auf den Markt. Derzeit werden laut Hasbro jährlich unglaubliche 50 Mio. Yahtzee-Spiele verkauft. In Deutschland vertreibt Schmidt Spiele das Würfelspiel unter dem Namen Kniffel.

43.1 Die große Straße kommt von alleine oder gar nicht

Die große Straße ist oft spielentscheidend. Sie sollten sie allerdings nicht auf Teufel komm raus erzwingen. Gezielt auf die große Straße sollten Sie nur gehen, wenn im ersten Wurf 2 bis 5 fallen (damit Sie die Möglichkeit haben, eine 1 oder eine 6 zu würfeln) und (ggf. auch oder) wenn die kleine Straße noch offen ist (damit Sie eine Rückfalloption haben).

43.2 Bonus mitnehmen!

Auch der Bonus im oberen Zahlenblock ist wichtig. Und diese 35 Punkte sollten Sie erzwingen. Die besten Wege dazu sind vier 4er, vier 5er oder vier 6er. Ein hoher Vierer gibt Luft, um bei den

1er und 2er weniger als den dreier-Durchschnitt aufschreiben zu können.

43.3 Bonus geht vor Viererpasch

Generell gilt deshalb: Wenn Sie zu Beginn des Spiels vier Gleiche würfeln, schreiben Sie sie oben für den Bonus auf, nicht als Viererpasch!

43.4 Die zusätzlichen Chancen: Auf 1er und 2er ausweichen

Auf 1er sollten Sie nicht gezielt gehen, auf 2er nur eingeschränkt (nur wenn Sie drei 2er oder mehr haben oder gegen Ende des Spiels noch die Punkte für den Bonus benötigen). Die Felder benötigen Sie oft als Notnagel, wenn andere Vorhaben nicht klappen.

43.5 Full House: Im ersten Wurf meist nur die zweitbeste Option

Zu Beginn des Spiels sollten Sie ein Full House, das bereits im ersten Wurf fällt, in den meisten Fällen auflösen. Sie sollten nur den Dreierpasch draußen lassen und mit den anderen beiden Würfeln einen zweiten und ggf. auch dritten Wurf wagen (nur ein Full House mit 111 sollten Sie gleich eintragen). Selbst im zweiten Wurf sollten Sie einen Full House mit 444, 555 oder 666 auflösen, wenn 4er, 5er oder 6er oben für den Bonus noch benötigt werden.

43.6 Nur (4er), 5er und 6er in die Chance

Wenn Sie das Glück haben, zum Ende hin auf die Chance würfeln zu können, sollten Sie in der Regel nach dem ersten Wurf nur die 5er und 6er behalten, und nach dem zweiten Wurf nur die 4er, 5er und 6er. Rechnen Sie vor dem letzten Wurf im Kopf schon mal Ihre Punkte und die Ihres direkten Konkurrenten durch: Vielleicht reicht die bereits geworfene Punktzahl zum Sieg – dann sollten Sie kein unnötiges Risiko mehr eingehen.

43.7 Klug streichen!

Wenn es an das Streichen gegen Ende des Spiel geht: Zuerst Kniffel streichen (mittlere Punktzahl 2,30), dann Viererpasch (mittlere Punktzahl 5,61), dann Full House (mittlere Punktzahl 9,07), dann große Straße (mittlere Punktzahl 10,44), dann Dreierpasch (mittlere Punktzahl 15,19) und erst wenn gar nichts anderes mehr gehen sollte die kleine Straße (mittlere Punktzahl 18,46).

Interessante Mathematik: Beim Kniffel erzielt ein Spieler mit optimaler Strategie mit Bonus (35 Punkte) im Mittel 245,87 von maximal 375 möglichen Punkten (ohne Bonus-Regel für mehrfache Kniffel und ohne Kniffel als Joker). Diese und weitere Zahlen finden Sie auf www.brefeld.homepage.t-online.de. Auf http://holderied.de/kniffel/ können Sie die perfekten Züge sowie die bereits verschenkten Punkte berechnen.

44

Mäxchen

Dieses beliebte Würfel- bzw. Trinkspiel ist auch unter den Namen Meiern, Mexico, Meterpeter, Lügenpaschen, Riegen oder Einundzwanzig bekannt.

44.1 Lügenergebnis zurechtlegen

Damit Sie falls nötig überzeugend lügen können, überlegen Sie sich bereits vor dem Wurf ein höheres als das vorgegebene Ergebnis. Dieses Ergebnis sollte glaubwürdig sein (also nicht immer genau ein Punkt über dem angesagten Wurf), aber nicht zu hoch sein (wenn möglich kein Pasch – siehe Tipp 44.2), da Sie Ihren Nebenmann sonst zu sehr in die Enge treiben.

44.2 Die Wahrscheinlichkeiten zeigen: Ab Pasch wird es eng

Aus Tipp 44.1 wird deutlich: Sobald sich die Vorgaben dem Pasch nähern, wird es für Sie immer schwieriger, Ihrerseits glaubwürdige und gleichzeitig für Ihren Nebenmann noch überbietbare Vorgaben zu machen. Denn die Wahrscheinlichkeit, einen

Tab. 44.1 Überbieten bei Mäxchen

Zu überbietender Wurf	Überbieten mit 2. Chance[a] (in %)	Überbieten ohne 2. Chance (in %)
21	11	6
66	11	6
55	16	8
44	21	11
33	26	14
22	31	17
11	35	19
65	40	22
64	48	28
63	56	33
62	63	39
61	69	44
54	75	50
53	80	56
52	85	61
51	88	67
43	92	72
42	95	83
41	97	83
32	99	89
31	99,9	94

[a] *Die Regel „mit 2. Chance" bedeutet, dass es nach einmaligen Würfeln und nachsehen erlaubt ist, ein zweites Mal zu würfeln. Dieser zweite Wurf wird aber ungesehen an den Nebenmann weitergegeben (vgl. hierzu den kurzen Artikel von Sebastian Ullherr auf www.ullherr.net)*

Pasch oder ein Mäxchen zu würfeln, liegt gerade mal bei 8/36 bzw. rund 22 %. Je nach Regel (ob Sie mit „2. Wurf ohne nachsehen" bzw. 2. Chance spielen oder nicht) liegt die Wahrscheinlichkeit bereits unter 50 %, eine 61 bzw. 64 überbieten zu können. Ohne 2. Chance liegt die Wahrscheinlichkeit, die 54 überbieten zu können, genau bei 50 % (Tab. 44.1).

Insbesondere wenn Ihr Vordermann selbst überbieten musste, spricht viel dafür, dass Sie alle Würfe überprüfen, die unter der 50 % Schwelle liegen und bei denen es somit unwahrscheinlich ist, dass Sie selbst den Wurf überbieten können.

45
Roulette

Roulette ist wohl in Italien entstanden und kam im Laufe des 18. Jahrhunderts nach Frankreich, wo es 1837 verboten wurde. Danach wurde es bis 1872 in den Spielbanken in Baden-Baden, Bad Homburg und Wiesbaden gespielt. Nachdem es auch in Deutschland verboten wurde, nutzte das Fürstentum Monaco die Marktlücke.

45.1 Roulette – eine Frage des Glücks

Die Einflussmöglichkeiten beim Roulette sind sehr beschränkt. Selbst wenn Sie keine Ahnung von Roulette oder Wahrscheinlichkeitsrechnung haben, sind Ihre Gewinn- bzw. Verlustwahrscheinlichkeiten nicht geringer als die erfahrener Roulette-Spieler (im Gegensatz zum Pokern oder Black Jack). Das macht das Spiel gerade für unerfahrene Spieler interessant (*die einzige Möglichkeit, den Erwartungswert zu erhöhen, sind sogenannte physikalische Systeme. Dabei wird versucht, sogenannte Kesselfehler oder die Wurftechnik des Croupiers für sich zu nutzen oder anhand der Geschwindigkeit der Kugel den Kesselsektor zu erahnen. Die belegbaren Erfolgsaussichten dieser Systeme sind aber wohl eher als gering einzuschätzen und wenn überhaupt nur bei sehr erfahrenen Dauerspielern realistisch*).

45.2 Der durchschnittliche Verlust ist bei einfacher Chance kleiner als bei Zahlentipps

Der durchschnittliche Verlust bei einem Spiel Roulette liegt bei den entweder/oder Tippmöglichkeiten („einfache Chance": Rot oder Schwarz, Impair oder Pair, Manque oder Passe) nur bei 1,35 % des Einsatzes – da bei diesen Spielen der Wert des Einsatzes in der Regel halbiert wird, sollte die 0 kommen. Diese Tipps sind damit attraktiver als Tipps auf einzelne Zahlen – hier liegt die negative Gewinnerwartung bei 2,7 % (bzw. bei 1/37) des Einsatzes.

45.3 Konsequent aufhören!

Beim Roulette gewinnt am Ende also die Bank. Die Frage ist wie viel, bzw. mit welcher Wahrscheinlichkeit. Da die Verlustwahrscheinlichkeit bei jedem Spiel 1,35 bzw. 2,7 % des Einsatzes hoch ist, steigert sich die Verlustwahrscheinlichkeit mit jedem Spiel bzw. steigert sich der zu erwartende mittlere Verlust mit der eingesetzten Summe. Wenn Sie immer den gleichen Einsatz auf eine Zahl setzen, beträgt der mittlere Verlust nach zwei Spielen schon 5,4 %, nach drei Spielen 8,1 % und nach 20 Spielen bereits 54 % dieses Einsatzes (*bei Zahlentipps ist demnach erwartungsgemäß nach rund 37 Spielen der pro Spiel eingesetzte Einsatz verspielt, bei einfachen Chance-Tipps nach 74 Spielen, vgl. Monka et al. (1999, S. 182)*). Natürlich geht es im Casino auch um den Nervenkitzel, der nicht schon nach fünf Minuten wieder vorbei sein soll. Um die Verlustwahrscheinlichkeit zu minimieren und dennoch einige Spiele spielen zu können, können Sie Ihren gesamten Einsatz (zum Beispiel 50 €) in kleine Einheiten stückeln (je 5 €), jede Einheit genau einmal! setzen und danach aufhören, ohne die gewonnenen Chips erneut zu setzen (*in unserem Beispiel nach 10 Spielen. Die Größe der einzelnen Einheit sollten Sie je nach Risikoaffinität wählen: Bei sehr kleinen Einheiten stehen die Chancen gut, ohne große Verluste den gesamten Einsatz wieder mit nach Hause zu nehmen. Dafür sind die Chancen auf einen nennenswerten Gewinn sehr klein. Bei sehr großen Einheiten können Sie dafür mehr gewinnen, aber natürlich auch schnell alles verlieren*). Sobald Sie gewonnene Chips erneut setzen, steigt die Verlustwahrscheinlichkeit. Disziplin ist gefragt: Gehen Sie rechtzeitig nach Hause oder was trinken, sowohl wenn Sie gewinnen, als auch wenn Sie verlieren.

45.4 Verdopplungsstrategie (Martingale): Geringe Gewinne mit Restrisiko

Eine Strategie gibt es doch noch, der Verlustfalle meistens zu entkommen: Dazu müssen Sie mit einem kleinen Einsatz bei einer einfachen Chance zum Beispiel auf Rot setzen und bei Schwarz den Einsatz beim nächsten Spiel verdoppeln. Dies wiederholen Sie solange, bis Rot kommt. Ihnen bleibt dann ein Gewinn in Höhe des ersten Einsatzes. Da Sie bei einem einfachen Chance-Tipp erfahrungsgemäß irgendwann richtig liegen (bzw. irgendwann Rot kommt), fahren Sie mit dieser Strategie mit hoher Wahrscheinlichkeit einen kleinen Gewinn ein. Allerdings bildet der maximale Einsatz im Casino oder Ihr verfügbarer Betrag die Grenze dieser Strategie. Diese Grenze ist – wenn Sie mit fünf Euro beginnen und nur, sagen wir, 1500 € dabei haben – nach acht Spielen erreicht. Die Wahrscheinlichkeit, alles zu verlieren, liegt zwar nur bei etwa 0,2 % – doch gerade wenn Sie diese Strategie häufig einsetzen, können Sie auch eine sehr lange Pechsträhne nicht ausschließen. Letztlich kommen Sie nicht drum herum: Beim Roulette können Sie auf lange Sicht „Spielend wenig verlieren", aber nur mit mehr Glück als Verstand „Spielend gewinnen".

46
Preisausschreiben

Im besten Juristendeutsch ist ein Preisausschreiben eine Sonderform der Auslobung, bei dem die ausgelobte Handlung innerhalb einer gesetzten Frist auch von mehreren vorgenommen werden kann. Die hier vorgestellten Tipps sind für Preisausschreiben gedacht, bei denen Sie per Mail oder Postkarte teilnehmen können und die im Internet oder in Zeitschriften veröffentlicht werden.

46.1 Mit Stempel und eigener Mailadresse an vielen Gewinnspielen teilnehmen

Zugegeben recht banal ist der Hinweis, bei möglichst vielen Gewinnspielen mitzumachen. Damit dies möglichst wenig Zeit in Anspruch nimmt, können Ihnen ein Stempel oder vorgedruckte Etiketten bei Postkartengewinnspielen helfen. Und damit Sie danach nicht zugespamt werden, hilft eine eigene Gewinnspiel-Mailadresse.

46.2 Auffällige Postkarten gestalten

Große, dickere Postkarten werden eher aus einer Lostrommel gezogen. Zudem können Sie Ihre Postkarte etwa durch einen gezackten Rand oder besondere Gestaltungsideen aus der Masse hervorheben.

46.3 Kurz vor Einsendeschluss Postkarte verschicken…

…dann steigt die Chance, dass Ihre Postkarte bei der Ziehung obenauf liegt.

46.4 Gewinnspiele aufspüren

Im Internet gibt es Übersichten über Gewinnspiele. Bei anderen Gewinnspielen müssen Sie länger suchen, dafür ist bei diesen Spielen sicher die Konkurrenz überschaubarer und damit die Gewinnchance höher. Gleiches gilt für Spiele, bei denen mehr als ein einfaches Kreuz gefordert ist, also etwa ein Text oder eine kreative Leistung.

46.5 Lösung notfalls googeln

Die meisten Preisfragen oder Rätsel sind leicht zu lösen. Wenn Sie dennoch mal nicht vorankommen oder bei einer Frage auf dem Schlauch stehen, holen Sie sich sicherheitshalber im Internet Unterstützung.

46.6 Gesunden Menschenverstand einschalten

Bei manchen Gewinnspielen sollten Sie besser nicht teilnehmen: Etwa wenn zu viele, auch persönliche Informationen abgefragt werden. Zudem sollten Sie bei Gewinnmitteilungen prüfen, ob Ihnen der Absender bekannt vorkommt und ob Sie überhaupt an dem entsprechenden Gewinnspiel teilgenommen haben. Denn ganz so spielend einfach wird es Ihnen nicht gemacht, an große Gewinne zu kommen.

47

Schere, Stein, Papier

Das Spiel wurde zuerst in Japan gespielt und kam im 19. Jahrhundert nach Europa. In London gründete sich 1842 ein „Schere, Stein, Papier"-Klub. Seit 2002 gibt es eine Schere, Stein, Papier Weltmeisterschaft, die regelmäßig und mit ordentlichen Preisgeldern in Toronto stattfindet. Als Erweiterung können die Gesten „Brunnen", „Streichholz" oder „Feuer" aufgenommen werden. Damit sinkt die Wahrscheinlichkeit eines Unentschieden. Andere Namen für das Spiel sind Schnick, Schnack, Schnuck; Ching, Chang, Chong oder Klick, Klack, Kluck.

47.1 Genau einen Schritt weiter denken

Der Trick bei Schere, Stein, Papier ist, genau einen Schritt weiter zu denken als Ihr Gegner. Wenn Ihr Gegner denken könnte, dass Sie Stein nehmen, wird er Papier nehmen. Sie können sich deshalb für die Schere entscheiden. Wenn Ihr Gegner denken könnte, dass Sie nach zwei Versuchen mit der gleichen Geste nun eine andere Geste wählen, können Sie die Geste ein drittes Mal nutzen. Aber überschätzen Sie sich nicht. Ihr Gegner wird ähnliche Überlegungsketten bilden und ist möglicherweise Ihnen ein Schritt voraus.

47.2 Gegen Männer Papier, gegen Frauen Stein

Angeblich nehmen vor allem Männer überdurchschnittlich oft Stein. Frauen würden hingegen oft die Schere nutzen. Insgesamt werde die Schere aber in Wettbewerben relativ selten gewählt (*in nur 29,6% der Fälle, siehe Webseite der World RPS Society*). Wenn Sie keine anderen Anhaltspunkte haben, können Sie es also vor allem gegen Männer einfach mit Papier versuchen.

47.3 Tendenziös erklären

Wenn Sie Ihrem Gegner die Regeln erklären, können Sie diesen unbewusst beeinflussen, indem Sie eine Geste besonders prominent demonstrieren (etwa indem Sie sie als letzte vor dem Spiel zeigen). Die Wahrscheinlichkeit ist hoch, dass Ihr Gegenspieler diese Geste dann auch zeigt.

47.4 Auf Bewegung achten

Bewegungen laufen oft in Gruppen ab. Es gibt also Bewegungen, die oft bestimmten Gesten vorausgehen (zum Beispiel ein Augenzwinkern vor Papier). Sie sollten versuchen, diese Bewegungsmuster bei Ihren Gegnern zu entdecken und bei sich selbst zu unterdrücken (wenn Sie diese „Bewegungskomponente" aus dem Spiel nehmen wollen, können Sie sich auch darauf einigen, die Geste erst hinter dem Rücken zu bestimmen und dann gleichzeitig zu offenbaren.)

47.5 Zufall als Freund und Helfer: Gesten vorher auswürfeln

Wenn Sie es nicht schaffen, einen Schritt weiter als Ihr Gegner zu denken und auch keinen Erfolg bei der Früherkennung von Bewegungsmuster haben, Ihrerseits aber oft durchschaut werden: Gehen Sie auf Schadensbegrenzung und nehmen Sie den Zufall zur Hilfe. Dazu können Sie vor dem Spiel Ihre Gesten etwa mit einem Würfel bestimmen (1,2 = Stein, 3,4 = Papier, 5,6 = Schere). Wenn Sie sich dann an diese zufälligen Ergebnisse halten, hat Ihr Gegner keine Möglichkeit mehr, Ihre Gedanken zu lesen. Denn der Würfel lässt sich nicht so leicht durchschauen wie Sie. Ihre Gewinnchancen steigen auf 50 %.

48

Fußballwetten

48.1 Tipprunden (ohne Quoten)

> Während früher im Freundes- und Kollegenkreis gerade bei Fußball-Großveranstaltungen aufwendige Tipplisten geführt wurden, erleichtern mittlerweile Online-Anbieter wie kicktipp.de das gemeinsame Tipperlebnis. Die nachfolgenden Hinweise sind für solche Tipprunden, in denen es Punkte für das richtige Ergebnis bzw. für die richtige Tendenz gibt.

Auf knappen Sieg des Favoriten setzen

Wenn Sie ohne Quoten spielen und für das genaue Ergebnis vier Punkte, für den richtigen Abstand (z. B. statt dem Tipp 1:0 geht es 2:1 aus) drei Punkte und für die richtige Tendenz (z. B. statt 1:0 3:1) zwei Punkte bekommen, sollten Sie in der Regel auf einen knappen Sieg des favorisierten Teams setzen – meist ist dies die Heimmannschaft. Denn fast bei der Hälfte der Spiele siegt die Heimmannschaft, wie die nachfolgende Übersicht mit den Ergebnissen der 1. Bundesliga aus den Bundesligasaisons 2004/05 bis 2008/09 zeigt (vgl. kickktipp.de). Im Gegensatz zu einem Unentschieden-Tipp können Sie bei einem Sieg-Tipp drei

Tab. 48.1   Verteilung der Tendenzen bei Bundesligaspielen

	Anzahl	Anteil (%)
Heimsieg	705	46
Unentschieden	392	26
Auswärtssieg	435	28

Tab. 48.2   Ergebnisverteilung in der Bundesliga

	Anzahl	Anteil (%)	Heimsieg (%)	Auswärtssieg
2:1/1:2	249	16	150/10	99/6
1:0/0:1	225	15	134/9	91/6
2:0/0:2	195	13	116/8	79/5
1:1	182	12		
3:0/0:3	108	7	76/5	32/2
3:1/1:3	108	7	60/4	48/3
0:0	100	7		
2:2	90	6		
3:2/2:3	75	5	38/2	37/2

Punkte erhalten, selbst wenn Sie nicht genau das richtige Ergebnis tippen (Tab. 48.1).

Knappe Siege: 2:1 oder 1:0?

Mit einer Wette auf einen knappen Sieg des Favoriten liegen Sie also schon mal gut. Beim Blick auf die genaue Ergebnisverteilung in der Bundesliga zeigt sich, dass 2:1 noch ein wenig häufiger vorkommt als 1:0. Das häufigste Ergebnis ist ein 1:1. Wenn Sie also schon auf Unentschieden setzen: am besten auf 1:1 (Tab. 48.2).

Quoten bei Buchmachern zu Rate ziehen

Sie müssen kein Experte sein, um den Favoriten zu kennen. Vertrauen Sie im Zweifel auf die aktuellen Quoten in Wettbüros. Nutzen Sie deren Erfahrung für Ihren Tipp aus. Praktisch: Bei Kicktipp finden Sie die Quoten ein paar Tage vor dem jeweiligen Spieltag bei der Tippabgabe eingeblendet.

Eigenes Expertenwissen nicht überinterpretieren

Ökonomen haben festgestellt, dass oft total Ahnungslose Wettrunden gewinnen. Der Grund: Sie haben oft einfache, aber effiziente Wettstrategien (Heuristiken), etwa indem sie immer auf den Quoten-Favoriten setzen. Fußballexperten wollen sich dagegen oft beweisen und ihre Insiderinfos nutzen. Das geht aber allzu häufig schief. Überschätzen Sie sich also nicht.

Riskante Tipps nur einmal im Schaltjahr

Tipps auf den Außenseiter, sehr hohe Siege (wie 4:0) oder besonders torreiche Ergebnisse (wie 3:2) sollten Sie nur in Ausnahmefällen wagen: Etwa wenn Sie kurz vor Ende der Tipprunde noch dringend aufholen und daher mehr riskieren müssen oder wenn Bayern München einen Lauf hat und zu Hause gegen den Tabellenletzten spielt.

Auf Nummer sicher: Tipps im Voraus abgeben

Ärgerlich ist, wenn Sie vergessen, einen Spieltag zu tippen. Die Saison ist dann fast gelaufen. Auch wenn es etwas Geduld erfordert. Tippen Sie zu Beginn der Saison am besten einmal alles durch (wenn Sie nicht viel nachdenken wollen einfach ganz banal alles 2:1 auf die Heimmannschaft). Sie können dann in jeder Woche neu Ihre Tipps anpassen, und wenn Sie mal zu spät dran denken, ist nicht viel angebrannt.

48.2 Fussballwetten (mit Quote in Wettbüros)

> Wie im gesamten Buch sind die Tipps ohne Gewähr. Und: Sport-wetten in Wettbüros sind riskant und können süchtig machen.

Fußballwetten: Möglichst wenig mit Emotionen, auf Freundschaftsspiele und in unbekannten Ligen wetten

Vermeiden Sie es, aus Leidenschaft auf das Lieblingsteam und in Ligen zu wetten, in denen Sie sich nicht auskennen. Stattdessen sollten die „besten" Quoten Ihre Tipps leiten. Quoten, die nach Ihrer Recherche, Ihrem Fachwissen und Ihrem Bauchgefühl möglichst nahe oder sogar über der Wahrscheinlichkeit liegen, dass das Ereignis so eintritt. Aber passen Sie auf, dass Sie sich und Ihr Wissen nicht überschätzen.

Profi-Wettspieler brauchen einen Plan und Disziplin

Regelmäßige Wettspieler (gilt für Fußballwetten genau wie für Pferdewetten) haushalten besser diszipliniert mit ihrem Geld. Dazu gehört, ein Budget für die persönliche Wettsaison festzu-legen (Geld, das Sie verlieren können, also nicht die Altersvorsorge oder den Bausparvertrag verwenden). Für die einzelnen Wetten können Sie dann das Startkapital in einzelne Einheiten, die etwa 1–5 % des Gesamtkapitals ausmachen, aufteilen. Starten Sie zum Beispiel mit 500 € in die Saison, ist die kleinste Einheit fünf Euro. Diese kleinste Einheit können Sie dann bei riskanten Wetten mit hohen Quoten einsetzen. Bei sicheren Tipps können Sie auch mehrere Einheiten setzen. Im Laufe der Saison können Sie die Größe der Einheiten anpassen: Wenn es gut läuft, die Einheiten erhöhen, wenn es schlecht läuft, die Einheiten verkleinern. Wenn Sie das Ganze dann noch dokumentieren, können Sie Ihr System in der nächsten Saison noch besser anpassen.

Wetten als „Hedgegeschäft"

Wenn Sie Ihr Risiko minimieren wollen, können Sie gegen Ihren Lieblingsverein wetten. So gewinnen Sie entweder Geld oder Ihr Lieblingsteam Punkte.

Recherche, Recherche, Recherche: Unterbewertete Mannschaften, Sportler oder Pferde finden

Bei Fußballwetten in Wettbüros kann Expertenwissen im Unterschied zu den quotenlosen Wettrunden im Freundes- und Kollegenkreis hilfreich sein. Um den Kampf gegen die Buchmacher zu gewinnen oder nicht allzu deutlich zu verlieren, können Sie etwa den bisherigen Saisonverlauf genau analysieren, um zu sehen, welche Mannschaften besonders torgefährlich oder besonders abwehrschwach sind. Bei diesen Mannschaften ist die Wahrscheinlichkeit hoch, dass in einem Spiel mehr als 2,5 Tore fallen. Andere Mannschaften spielen überdurchschnittlich oft in torarmen Spielen mit. Bei Spielen mit diesen Mannschaften können Sie auf ein 0:0 gleich zu verschiedenen Zeitpunkten im Spiel setzen (nach zehn Minuten, zur Halbzeit und/oder am Spielende). Zudem sind manche Mannschaften bei manchen Wettanbietern aus welchen Gründen auch immer tendenziell über- bzw. unterbewertet. Suchen Sie nach solchen Ausschlägen, um dagegen zu halten.

Verdoppelungsstrategie mit dem Faktor Mensch

Bei Roulette haben wir bereits die Verdopplungsstrategie (Martingale) beschrieben. Diese können Sie auch bei Fußballwetten verfolgen, wenn Sie einen ziemlich sicheren kleinen Gewinn suchen und ein sehr hohes Restrisiko nicht scheuen. Dazu setzen Sie wahlweise immer auf Sieg einer eher schlechteren Mannschaft, immer auf Niederlage einer eher guten Mannschaft (etwa Bayer Leverkusen oder Schalke 04) oder aber bei einer Mannschaft immer auf Unentschieden. Wichtig ist, dass die Quote immer über zwei liegt, Sie also immer mehr als das Doppelte Ihres Einsatzes bekommen, sobald Sie richtig liegen. Sie starten mit einem kleinen Betrag (zum Beispiel ein Euro) und verdoppeln diesen immer wenn Sie falsch liegen. Diese Strategie endet, wenn Ihnen das Geld oder die Nerven ausgehen. Im Vergleich zu Roulette bleibt Ihnen im Gewinnfall eine größere Summe, je nachdem wie deutlich die Quote beim Gewinnerspiel über zwei lag.

Wettanbieter vergleichen und Arbitrage sichern

Wenn Sie bei mehreren Wettanbietern angemeldet sind (*und bei jedem einen Startbonus von bis zu 100 € erhalten haben, für den Sie je nach Anbieter aber auch verschiedene Auflagen erfüllen müssen*), können Sie vor jeder Wettabgabe die Quoten vergleichen und die jeweils für Sie günstigste Quote wählen. Mit etwas Glück und Aufmerksamkeit können Sie dabei auch Arbitragemöglichkeiten nutzen (ein einfaches Beispiel für eine solche Möglichkeit ist ein

KO-Spiel, bei dem ein Anbieter eine Quote>2 für die Heimmannschaft, ein anderer Anbieter eine Quote>2 für die Aus-
wärtsmannschaft anbietet).

48.3 Toto

Gezielt von Favoritentipps abweichen

Zunächst erhöhen Sie beim Toto Ihre Gewinnchancen, wenn Sie
immer auf Favoriten tippen. Dabei können Sie sich an den Quoten der Buchmacher oder der Presse orientieren. Gleichzeitig ist
der Auszahlungsbetrag für Favoritentipps geringer. Deshalb können Sie durchaus auch mal auf einen Außenseiter setzen, wenn
Sie ein entsprechendes Bauchgefühl haben.

Systeme mit Computerunterstützung

Um Ihre Gewinnwahrscheinlichkeit zu erhöhen, können Sie bei
einzelnen Spielen für einen entsprechenden Aufpreis auf zwei
oder drei Ausgänge tippen (etwa bei Spielen, bei denen Sie keine
Ahnung haben, wie es ausgeht). Wenn Sie ein festes System suchen, dass Ihrer Einsatzbereitschaft und Ihrer Risikofreudigkeit
entspricht, können Sie sich auch von einem Toto-Programm unterstützen lassen (*einen Überblick über die Toto-Programme finden
Sie hier: http://www.toto1.eu/software.html*).

> **Übrigens**
>
> Bei der Dreizehnerwette ergeben sich $3^{13} = 1.594.323$ verschiedene
> Möglichkeiten. Wenn Sie bei einem Preis von 50 Cent pro Reihe alle
> Kombinationen abdecken wollten, müssten Sie 797.161,50 € ein-
> setzen. Blind getippt ist die Wahrscheinlichkeit, alle 13 Spiele mit
> einem Versuch richtig zu tippen, etwa zehn Mal höher, als beim Lot-
> to 6 Richtige zu erzielen (vgl. Teschner 2011, S. 35).

49

Lotto: 6 aus 49

> Der Ursprung des in aller Welt verbreiteten Lotto-Spiels wird im alten Rom vermutet. Dort veranstaltete zunächst Kaiser Augustus und nach ihm Nero Pfandlotterien. Das Zahlenlotto entwickelte sich dann im Mittelalter in Italien (vgl. Glonnegger 1988, S. 64).

49.1 Zufällige Zahlen spielen

Denn bei bewusst gewählten Zahlenkombinationen besteht die Gefahr, dass mehrere andere Tipper genau diese Kombination gewählt haben, was wiederum die Ausschüttung schmälert (da die Gewinnhöhen beim Lotto davon abhängen, wie viele andere Tipper die gleiche Gewinnklasse treffen). Das bedeutet konkret: **keine** Geburtsdaten, Muster (Kreise, Quadrate, Zick-Zack), aufeinander folgende Zahlen, nur gerade oder nur ungerade Zahlen oder bereits in der Vorwoche gezogene Zahlenkombinationen auswählen.

Tab. 49.1 Gewinnwahrscheinlichkeiten beim 6 aus 49

Gewinnklasse	Anzahl der Kombinationen	Wahrscheinlichkeit
6 Richtige + Superzahl	1	1/140 Mio.
6 Richtige	1	1/14 Mio.
5 Richtige + Superzahl	6	1/2,3 Mio.
5 Richtige	252	1/55.491
4 Richtige	13.545	1/1032
3 Richtige	229.600	1/61
Verlust	13.723.192	0,981

49.2 Für die 19 gibt es weniger: Häufig gewählte Zahlen vermeiden

Als einzige bewusste Entscheidung sollten Sie auf bestimmte Zahlen verzichten, die besonders häufig gewählt werden. Da verhältnismäßig viele Lottospieler (Geburts-)Daten tippen, sollten Sie die 19 (zumindest noch die nächsten 50 Jahre) und die 20 sowie die Zahlen 1 bis 12 meiden.

49.3 Gewinnwahrscheinlichkeiten: Mit den 6 Richtigen wird es wohl in diesem Leben nichts mehr...

Beim 6 aus 49 gibt es knapp 14 Mio. mögliche Tippkombinationen. Die Wahrscheinlichkeit, sechs Richtige zu tippen, beträgt also etwa 1 durch 14 Mio. (Tab. 49.1).

50

Überblick: Ausschüttung bei Gewinnspielen

50.1 Ausschüttungsquoten: Der Staat langt kräftig zu

Die nachfolgenden Übersichten der staatlichen, regulierten und privaten Gewinnspiele zeigen, wo Sie die niedrigste Verlustwahrscheinlichkeit aufgrund der höchsten Ausschüttungsquoten haben.

Dabei müssen Sie allerdings beachten:

* Die Ausschüttungsquote bezieht sich auf ein Spiel. Wenn Sie etwa beim Roulette oder am Automaten mehrere Runden spielen, sinkt die Ausschüttungsquote schnell.
* Die Einnahmen der Fernsehlotterien fließen zum Teil in soziale Projekte.
* Durch geschicktes Spiel können Sie wie etwa bei Lotto: 6 aus 49 beschrieben Ihre individuelle Ausschüttungsquote verbessern. Entsprechend kann sich Ihre Ausschüttungsquote aber gerade auch bei Spielen wie Black Jack oder Poker verschlechtern, wenn Sie weniger optimale Strategien verfolgen (Tab. 50.1 und 50.2).

Tab. 50.1   Ausschüttungsquoten Deutscher Lotto-Toto-Block. (Quelle: Geschäftsbericht WestLotto 2012, Seiten 46–68)

Gewinnspiel	Ausschüttungsquote (%)
6 aus 49	50
Spiel 77	43,3
Super 6	50
Eurojackpot	50
Toto: 13 Wette	50
Toto: 6 aus 45	50
Glücksspirale	30,04
Keno	49,44
Plus 5	48,67
Sofortlotterien (Rubellose)	50
Oddset[a]	58

[a] planmäßig

Tab. 50.2 Ausschüttungsquoten weiterer Gewinnspiele. (Quelle: Barth 2012)

Gewinnspiel	Ausschüttungsquote (%)
Klassenlotterie NKL[a]	50
Klassenlotterie SKL[a]	43,4
ARD Fernsehlotterie[b]	mind. 30
ZDF Aktion Mensch[b]	mind. 30
Pferdewetten[c]	rund 75
PS-Sparen/ Gewinnsparen der Sparkassen/ Volks- und Raiffeisenbanken[d]	55
Private Sportwetten online[e]	bis zu 95
Private Sportwetten stationär[a]	80,5
Online-Casino[f]	97 bis 98
Spielbanken (Roulette, Kartenspiele, Automaten)[g]	91
Gewerbliche Spielhallen/ Gaststätten	77,1

[a] Die Zahlen beziehen sich auf den deutschen Glücksspielmarkt im Jahr 2009
[b] § 15 Abs. 1 Satz 4 GlüStV
[c] http://www.galopp-sport.de, Galopprennsport, Wetten
[d] http://www.gewinnsparen.de/de/gewinnen/detail.htm
[e] http://de.wikipedia.org/wiki/Sportwette
[f] www.onlinecasino-spielen.com
[g] Meyer (2013)

Literatur

Allis, V.: A knowledge-based approach of connect-four. The game is solved: White Wins, Department of Mathematics and Computer Science, Masters Thesis (1988)

Andrews, J.: The Complete Win at Hearts. Taylor Trade Publishing, Lanham (2004)

Barth, D.: Der deutsche Glücksspielmarkt 2009. Stand: 2.11.2012. Forschungsstelle Glücksspiel, Hohenheim (2012)

Baumanlli, U.: Wetten dass auch Sie gewinnen. Ideen, Anregungen und Diskussion zu Fußballwetten. Books on Demand (2008)

Beckmann, L., Kruse, H.: Skat – Lernen, Spielen, Gewinnen. Bertelsmann Ratgeberverlag, Gütersloh (1970)

Bewersdorff, J.: Glück, Logik und Bluff. Mathematik im Spiel – Methoden, Ergebnisse und Grenzen, 6. Aufl. Springer Spektrum, Berlin (2012)

Brady, M.: The Monopoly Book: Strategy and Tactics of the World's Most Popular Game, 4. Aufl. David McKay Company, Philadelphia (1974)

Dickfeld, G.: Go für Einsteiger. Spielen Denken Lernen. Brett und Stein Verlag, (2006)

Dworschak, M.: Dame ist gefallen. Der Spiegel **30**, 122–123 (2007)

Fang, R.: Othello: From Beginner to Master (2003)

Gasser, R., Nievergelt, J.: Es ist entschieden: Das Mühlespiel ist unentschieden. Informatik Spektrum **17**, 314–317 (1994)

Glonnegger, E.: Das Spiele-Buch. Hugendubel Ravensburger, München (1988)

Gorys, E.: Das Buch der Spiele, 2. Aufl. Werner Dausien Verlag, Hanau (1996)

Hartogh, T.: Mühle, Dame, Halma – Alte Brettspiele neu entdeckt. Falken Verlag, Hausen (1999)

Kahneman, D.: Thinking, fast and slow. Allen Lane Paperback (2011)

Kantar, E., Tomski, M.: Bridge für Dummies, 1. Aufl. Wiley-VCH, Weinheim (2007)

Kastner, H.: Große Humboldt Enzyklopädie der Würfelspiele: Die ersten 5000 Jahre. Verlag Schlütersche (2007)

Kastner, H.: Backgammon: Geschichte- Regeln- Strategien. Verlag Schlütersche (2008)

Kaufmann, L.: The evaluation of material imbalances. Erstmals publiziert in Chess Life, März 1999, aktualisiert 2012

King, D.: Wie man im Schach gewinnt: 10 goldene Faustregeln, 8. Aufl. Joachim Beyer Verlag (2010)

Meyer, G.: Glücksspiel – Zahlen und Fakten. In Deutsche Hauptstelle für Suchtfragen e. V. (Hrsg.) Jahrbuch Sucht 13, S. 119–134. Pabst, Lengerich (2013)

Monka, M., Tiede, M., Voß, W.: Gewinnen mit Wahrscheinlichkeiten. Statistik für Glücksritter. Rowohlt Taschenbuch Verlag (1999)

Mrozek, B.: Das bedrohte Wort: Malefiz. Spiegel. Februar 2007. http://www.spiegel.de/kultur/gesellschaft/das-bedrohte-wort-malefiz-a-463997.html

Pönitz, M.: Wie knacke ich den Jackpot? Tipps und Tricks aus 10.000 Gewinnspielen. Allpart Media (2011)

Richthofen, J. Freiherr von.: Das neue Bridge-Gefühl, 4. Aufl. IDEA-Verlag (1988)

Rosen, B.: Fit im Endspiel. Chessgate (2005)

Teschner, W.: Der Fußballtoto-Profi: Strategien und Systeme für die Ergebniswette. Books on Demand (2011)

Internetseiten und Blogs

(von denen einige der Faustregeln stammen und auf denen Sie noch weitere Tipps bekommen)

Backgammon: http://www.backgammon-deutschland.de/sowiehttp://www.yeni-tavla.de/deutsch/

Bridge: http://www.bridge-verband.de/static/10minuten

Canasta: http://www.canasta-spielen.com/strategie-taktik.html

Cluedo: http://boardgames.about.com/od/clue/a/How-to-Win-at-Clue.htm

Doppelkopf: http://doppelkopf.wordpress.com/sowiehttp://drickesgorz.piranho.de

Dominion: Kathrin und Peter Nos: http://das-spielen.de/, sowie: http://www.westpark-gamers.de

Go: http://wintigo.org/strategie/goodbad/good.php

Tipprunden: Kicktipp (2013): http://www.kicktipp.de/info/service/anleitungen/besser-tippen

Kniffel: Werner Brefeld (2013): http://www.brefeld.homepage.t-online.de/kniffel.html, sowie http://holderied.de/kniffel/

Mäxchen: Sebastian Ullherr: www.ullherr.net

Poker: Mybet (2013): https://www.mybet.com/de/poker/strategie

Othello: Othello-Club Deutschland: http://www.othello-club.de/

Schere, Papier, Stein: World RPS Society: http://www.worldrps.com/

Scrabble: http://www.wort-suchen.de/scrabble-hilfe/

Siedler von Catan und Risiko: Steffen Tiemann: http://www.wirtschafteinfach.de. Zu Risiko zudem: http://tom.hirschvogel.org/risiko/

Skat: Dr. Rainer Gößl; www.skatfox.com sowie www.skatwelt.com/funpar.htm

Vier Gewinnt: http://ooloil.homepage24.de/Grundlegendes